改变世界的
中国科技力量

核电技术

中国科学技术馆 / 编著

化学工业出版社

· 北 京 ·

图书在版编目（CIP）数据

核电技术 / 中国科学技术馆编著. -- 北京 : 化学工业出版社，2025. 3. --（改变世界的中国科技力量）.
ISBN 978-7-122-47143-7

Ⅰ. TM623-49

中国国家版本馆 CIP 数据核字第 2025M46J30 号

责任编辑：刘莉珺　徐华颖　　文字编辑：蔡晓雅　　插画：刘　伟
责任校对：王　静　　装帧设计：史利平

出版发行：化学工业出版社（北京市东城区青年湖南街 13 号　邮政编码 100011）
印　　装：中煤（北京）印务有限公司
710mm×1000mm　1/16　印张 7½　字数 75 千字　2025 年 10 月北京第 1 版第 1 次印刷

购书咨询：010-64518888　　售后服务：010-64518899
网　　址：http://www.cip.com.cn
凡购买本书，如有缺损质量问题，本社销售中心负责调换。

定　　价：58.00 元

“改变世界的中国科技力量”丛书编委会

《核电技术》编写人员

主　　笔　张　憬

主　　编　于悦悦　陈玙菲　党育杰

参编人员　郑力荣　李瑞婷　腰正君　宋　楠　高　航

序·言

科技是国家强盛之基，创新是民族进步之魂。从新中国成立初期的科技奠基，到如今在全球科技舞台上崭露头角并成为具有重要影响力的科技大国，中国科技事业的每一次跨越，都凝聚着几代科研工作者的心血与智慧。为了让青少年真正了解中国科技的发展脉络，感受创新背后的力量，激发他们对科学的热爱与探索热情，中国科学技术馆精心策划并编写了这套“改变世界的中国科技力量”科普丛书。

这套书是一扇“动态生长”的科技窗口——它不设固定的内容边界，将始终紧跟中国科技的创新步伐，把每一个新领域的突破、每一项新技术的成熟，及时纳入其中。无论是已聚焦的卫星导航、载人航天等领域的标志性成果，还是未来将解锁的更多前沿方向，我们都希望通过“讲清科技原理”与“展现实践价值”的结合，让青少年走近科技：从北斗导航如何为全球提供精准定位服务，到“蛟龙”号、“奋斗者”号深潜时克服的技术难题；从生物医药攻关如何守护大众健康，到新能源技术怎样推动绿色发展转型……这些内容不仅源于中国科技的真实实践，更试图连接青少年的学习与生活，让他们明白科技不是遥远的“专业术语”，而是能切实改变世界、改善生活的创造力。

为了让这样的“科技对话”更有温度、更具深度，我们联合了各领域的权威专家与资深科普工作者：专家团队以严谨的态度和极高的学科素养把控内容的科学性，确保每一个知识点的内容都经得起推敲；科普工作者则用启发式的语言、生动写实的插图，打破“纸上谈兵”的局限，让晦涩的前沿科技知识变得可感可知。同时，我们还为这套书的难点内容配套了讲解视频，以二维码链接的形式呈现在书中，读者扫码即可“走进”科技馆，直观感受科技的神奇，进一步加深对知识的理解与记忆。我们始终相信，科普不该是静态的知识传递，而应是互动式的探索引导，策划这套书的初心，便是为青少年搭建这样一个“可触摸、可思考”的科技平台。

我们期待，这套书能成为青少年了解中国科技创新的桥梁：当他们读到科研工作者攻坚克难的故事时，能感受到自立自强的精神力量；当他们理解某项技术如何从设想变为现实时，能激发探索未知的好奇心。或许今天，他们是在书中解锁科技知识的读者；未来，他们会成为投身科技实践、为中国科研事业添砖加瓦的创造者。

最后，衷心感谢每一位参与丛书编写的专家与科普工作者——是你们的专业与用心，让这份“科技邀约”得以落地；也感谢化学工业出版社的鼎力支持，让这套书能顺利与读者见面。

现在，不妨翻开书页，一起走进中国科技的世界，见证那些改变世界的中国科技力量，也期待大家与我们一同迎接更多未来的科技惊喜。

中国科学技术馆
CHINA SCIENCE AND TECHNOLOGY MUSEUM

前·言

你一定听说过核电站，人们让核燃料在特殊的设备里发生反应，可以打开能量的宝库，为周围的居民输送大量电力。不过，如果有一座核电站即将在自家附近建成，人们会怎么想呢？也许有很多人会反复纠结，不知道该开心还是该担忧。有很多电可以用当然是一件好事，但核电站不是潜藏着危险吗？反应堆可比火电站里的炉子厉害多了，如果让“放射性妖怪”溜到了外面，那岂不是大事不好了吗？

的确，开发核能绝对不是一件轻松随意的事，核电站的疏漏可能会引发巨大的灾祸，人们曾经因此吃到过苦头，有过非常严重的人员和财产损失。但是即便如此，科学家和工程师们也没有放弃利用核能，在几十年如一日的工作中，他们一次次反思老技术和老设备的问题，锲而不舍地寻找更加安全可靠的方案。到了现在，第三代核电站已经接过重担，第四代核电站也开始了建设，核能开发早已今非昔比。

人们坚持建设核电站，不是出于一根筋式的执着，或者说缺乏思考的较劲。事实上，核发电确实拥有许多优势。在能源危机不断被大家提起的今天，核能作为新能源中的重要成员被寄予厚望。综合考虑之后，科学家和工程师认为，这座能量宝库值得我们付出长久的努力，而且我们有信心不断完善核发电方案和设备。总有一天，核电站不会再勾起人们悲伤和焦虑的情绪，它会成为我们能够百分百掌控的超级能源站，可以没有疏漏地安全运行，造福大众。

如果聪明的你对此心怀好奇，想要更详细地了解核电技术，那么这本书可以让你走进核电宝库的内部，从原理到设备，从历史到未来，看一看核发电为什么能够实现，有了什么样的技术进步，还需要解决什么问题，以及我们中国的科技团队在这个领域有哪些耀眼的成绩。

我们会先从能量聊起，说一说能源危机，讲一讲我们为什么需要核能这样的新能源。接下来，我们要看一看核能是怎么回事。作为一种危险却又备受重视的能源，它到底有哪些优势？核能藏在很小很小的微粒中，人们是怎样发现和了解这些小不点的？同样是核能开发的热门话题，核裂变和核聚变有什么不一样？看完前几章，你一定能找到答案。

接下来，我们要走进核电站，去了解核发电的具体方法。我们要从“核”中安全地取出能量，这意味着核反应要顺利进行，但又不能过于激烈；不同类型的反应堆有相似之处，也有不一样的地方；来自“核”的能量还需要经过“搬运”和“变身”，才能最终成为可用的电能；

而核电站的建设还有不少要点，我们常常看到的水边选址，还有核岛的大圆顶，它们都有自己的讲究。

介绍核发电不能不提安全问题，这是大家都关心的要点。在前面的章节中，我们会看到人们为防止有害物质泄漏做出的各种努力。不过，核电站在运转的过程中总会产生放射性废料，就算根本没有泄漏，它们应该何去何从也是一件大事。我们将单独拿出一章，聊一聊核废料的处理，还有它们变废为宝的可能。

最精彩的还要数我们中国的科技故事。从20世纪末到现在，中国的核电技术进步迅速，从明显落后于其他国家，到建设成一座又一座核电站，再到保证多年安全运行、研发自己的产品、发展第四代核电技术，甚至向难度极高的人造小太阳发起冲击，我们的科技工作者做出了太多令人惊叹的成绩。今天，中国的第一座核电站依然是美丽的“国之荣光”，而我们最新的一座核电站已经在研发上走在了世界前列。

世界在进步，中国在奔跑。那么经过了几十年的发展，在我们所在的当下，核电技术已经尽善尽美了吗？其实并没有。虽然实现了很大的飞跃，但我们也要承认，核电领域还有一些难题没有找到最佳答案。有些问题说不定很快就能解决，有的问题已经有了设想中的方案，还需要通过实践来进一步确认，还有的问题也许要等一等……

我们应该怎样看待现在的核电技术呢？有的人也许会说，解决了那么多问题又怎么样？还是存在没解决的问题。有的人却会说，我们已经解决了很多问题，未来还会解决更多的问题。

事实上，无论是普通人的生活，还是一项重大技术的发展，在绝大多数时候都不存在什么一帆风顺、一劳永逸。学生需要不断学习，不断获取新的知识，大人需要不断工作，不断完成新的任务，而技术的升级也常常是持续的过程，需要一代又一代科技工作者打起精神，去面对一个又一个挑战。我们不能因为昨天的问题解决了，就在今天放弃努力，也不能因为未来还有问题，就觉得以前的工作失去了意义。

回头想一想，核电技术的历史其实不算很长。然而到了今天，无论是已经趋于成熟的设备，还是刚刚开始尝试的新方案，在几十年前的人们看来，都是做梦也不敢想的惊喜。同样，只要不断思考和实践，哪怕是今天看上去无解的大难题，也很可能会在未来自然而然地找到巧妙的解决方案。我们相信明天，相信核电技术的发展总归会让人类拥有更充沛、更清洁、更安全、更没有后顾之忧的能量之源。

相信在看完这本书以后，你能够收获的不仅仅是有趣的知识和新鲜的见解。你会知道，面对学习和工作中的难关，保持乐观、大胆思考、踏实实践是多么重要。尤其是在了解了中国核电技术的成就之后，感到骄傲的同时，你也会受到鼓舞，对我们的未来充满信心。

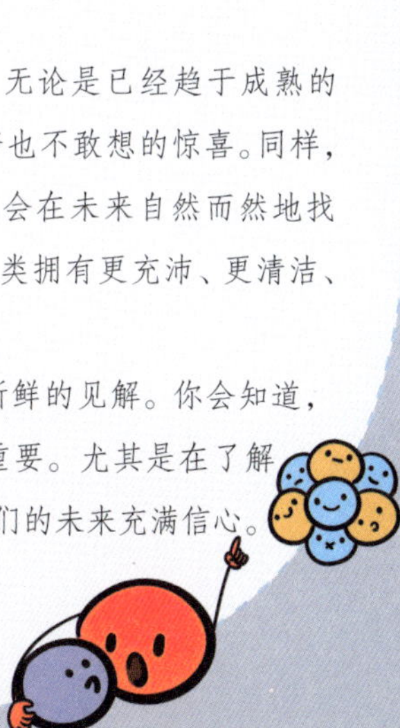

目·录

能量是守恒的，
为什么还要担心
能源不够用？
NO！
能源危机真的会发生？……
焦虑了……
会！

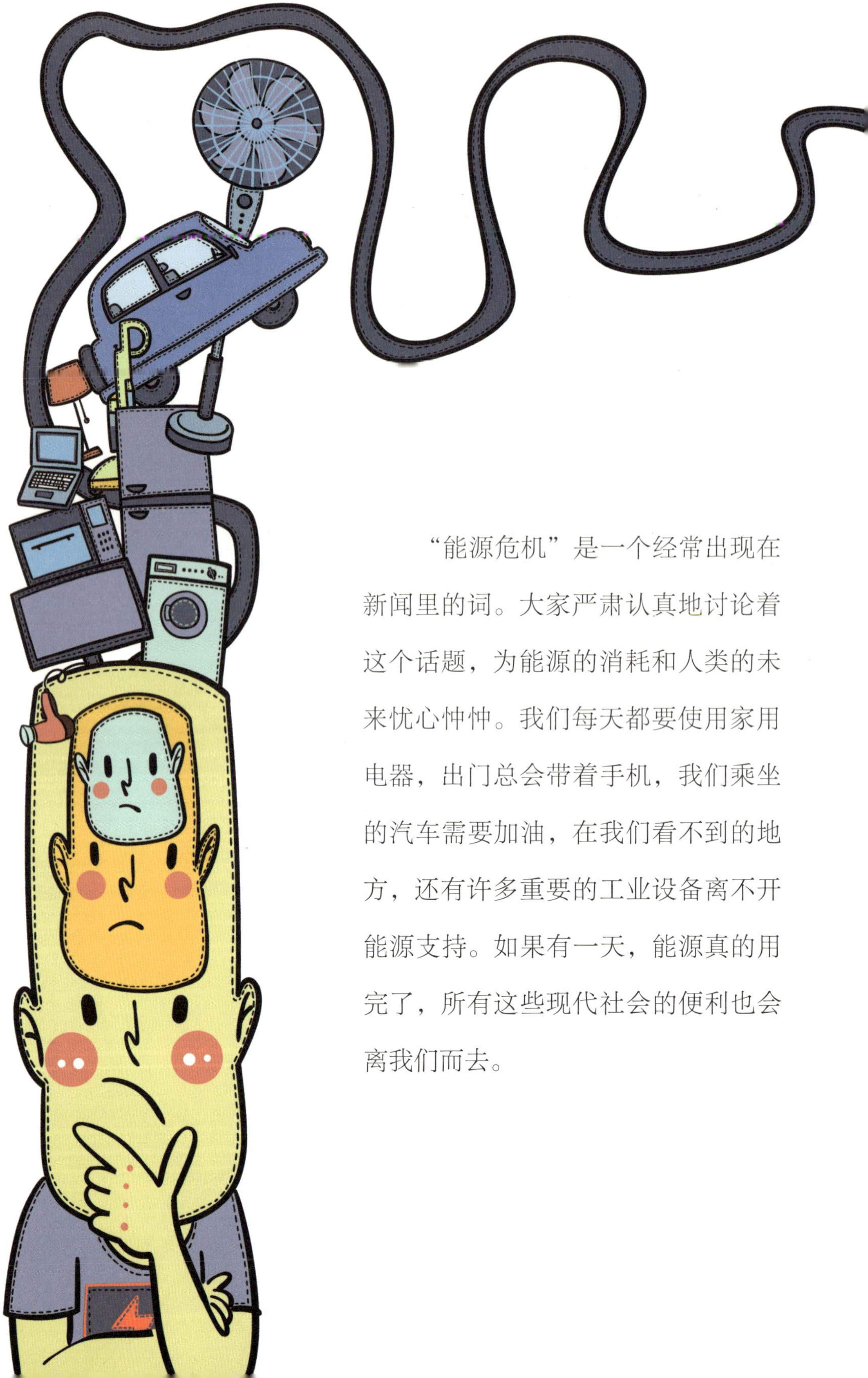

“能源危机”是一个经常出现在新闻里的词。大家严肃认真地讨论着这个话题，为能源的消耗和人类的未来忧心忡忡。我们每天都要使用家用电器，出门总会带着手机，我们乘坐的汽车需要加油，在我们看不到的地方，还有许多重要的工业设备离不开能源支持。如果有一天，能源真的用完了，所有这些现代社会的便利也会离我们而去。

不过，在担忧之余，你也许会产生疑问——能源真的会用完吗？能源，顾名思义，就是能量之源，而物理学家告诉我们，能量是守恒的。也就是说，能量是一种“有数”的东西，并不会真的变少。

既然如此，用过的能量都去了哪儿？我们不能把它们给找回来吗？

能量守恒和质量守恒

物理学中有两个基本的守恒定律：能量守恒和质量守恒。

能量守恒定律也叫热力学第一定律，意思是说，能量不会凭空产生，也不会凭空消失，它只能不断转移，从一种形式变为另一种形式。

聪明的你也许能举一反三：质量也不能凭空产生和消失。在各式各样的反应中，常常会有新的物质出现，但旧物质的总质量和新物质的总质量是相等的。

一般来说，对于这两个守恒定律，我们知道上面这些解释就可以了，为什么说“一般来说”呢？在介绍核反应的章节，我们将继续这个话题。

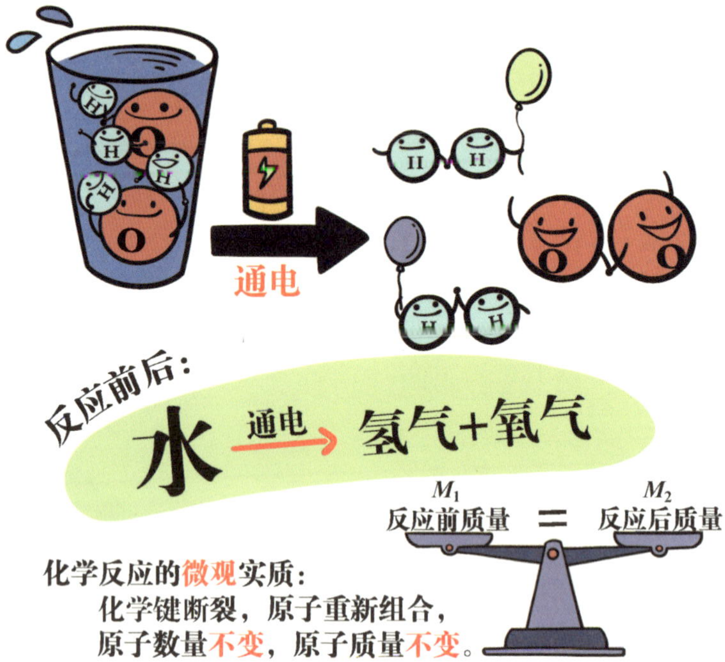

用过的能量去了哪里？

真相是，能量确实守恒，能源危机也确实存在。之所以觉得这两件事相互矛盾，是因为忽略了一个重点：**用过的能量比不得易拉罐，不是存在就能回收的**。

以熟悉的火电站为例，在燃烧发电的过程中，煤炭贡献了热能，热能通过发电设备变成电能。这些电能来到居民家中，通过用电器，比如电磁炉和电暖炉，又可以变回热能，帮助我们把饭做好，让房间暖和。而我们的身体获得了能量，可以运动、思考、学习、工作。

这是不是构成了一种良性循环呢？并不是。如果我们多对比一下真实的情况，就会发现还有很多问题。

最明显的一点是，作为能源的煤炭没有得到补充，工作人员吃得再饱，身上再暖，也不能直接变出煤炭来。煤炭的形成依然需要漫长的光阴，但火电站的消耗是巨大的，每年的用煤量常常以“万吨”为单位计算。

另外，煤炭的能量并没有完全得到利用。在这个看似圆满的过程中，每一环都有一部分能量出逃。想想看，我们是不是经常

沉睡的能量块——可燃冰

20 世纪 30 年代以来，科学家们陆续在自然界发现了一种物质，它的外观像冰，又遇火即燃，被称为“可燃冰”。1 立方米的可燃冰能释放出 164 立方米的天然气，据估算，它的蕴藏量至少是煤、石油和天然气总量的 2 倍，为我们解决能源危机带来了希望。

可燃冰是水和天然气在高压低温条件下形成的白色固体物质，常存在于深海海底或陆域永久冻土层底下，这是因为它的形成需要满足三个基本条件：温度低于 10℃、气压大于 30 个标准大气压和充足的天然气源。我国可燃冰主要分布在南海海域、东海海域、青藏高原冻土带以及东北冻土带。

既然发现了可燃冰，能缓解我们的能源危机，那么为什么不直接把可燃冰从海底拿出来呢？首先，可燃冰所处的海底，温度低，气压高，如果将可燃冰直接拿出，在还没出水面的时候，可燃冰就分解为天然气而挥发了，这样不仅无法利用可燃冰，大量的天然气逸出到地球大气层，反而会破坏地球生态。因此，如何开采可燃冰，可以让可燃冰里的天然气不泄漏，是科学家们要解决的一项技术难题。

根据可燃冰的性质，它的开采有降压法、加热法、二氧化碳置换法等方法，我国“蓝鲸 2 号”钻井平台主要采用的是降压法，并于 2020 年试采成功。世界各国也在研究更安全更高效的开采方式。目前可燃冰还没有被大规模正式开采和利用。

虽然地球上蕴含的资源可以为人类生活提供能量，但是这些资源的储藏量是有限的，也是不可再生的，解决能源问题，需要从多个角度考虑。

在中国科技馆，有一件展品叫作“沉睡的能量块——可燃冰”，可以通过和展台的互动操作，了解可燃冰的组成结构、储藏分布以及开采方法，还可以控制“蓝鲸 2 号”模拟完成可燃冰的开采任务。快来中国科技馆体验吧。

发现运行中的电子设备会发热？这就意味着有的能量以热的形式散失了。这些出逃的能量常常溜得无影无踪，把它们抓回来就如同想把喷出去的香水收回瓶子里，实在是太难了。

难道就没有能量老老实实待着吗？也有。无论是火电站烧剩下的煤渣，还是我们的生活垃圾，里面都含有剩余的能量。问题是这些能量很难取出来。即便是焚烧垃圾发电这样实践年头比较长的方法，也要面对效率不高和过程中产生有毒气体的问题。

为什么能量不分干净不干净，能源却要分清洁不清洁？

除了消耗容易补充难，煤炭还是非清洁能源。也就是说，火电站还有一个大问题，就是——太脏了。

但这里的脏是指什么呢？要知道，人们从来不会说“这个机械能很脏”“那个热能很干净”，因为能量就是能量。能源却不一样，有的是清洁能源，有的则不是。事实上，这里清洁和非清洁的区别在于，当人们从能源中取出能量的时候，会不会对环境造成污染。

回到火电站，在煤炭燃烧发电的过程中，会排出大量的灰尘和问题气体，包括能造成

洁净煤技术

煤炭被人们誉为黑色的金子、工业的食粮，它是 18 世纪以来人类世界使用的主要能源之一。在今天我国的发电行业中，以煤炭为主要能源的火力发电仍然占据着全国电力 60% 以上的比重，具有绝对的优势。但是，煤炭燃烧时产生的大量二氧化碳、二氧化硫等有害物，随烟气排放会严重污染大气，危害动植物生长及人类健康。

如何缓解这种情况呢？在大力发展新型能源的同时，我们也不能忽视对传统能源使用技术的优化。这件展品——“洁净煤技术”，就展示了我国处于国际领先地位的循环流化床燃烧技术。这种技术在煤的开发利用过程中，能有效提高利用效率、减少环境污染。它能使煤炭的燃烧效率提高 8%~10%，同时还可以使二氧化碳的排放降低 40% 左右，是我国能源战略改革的重要方向。

“洁净煤技术”展品通过人屏互动、机械操作、过程演示等方式展现了燃烧前通过重介质选煤法来选煤，燃烧时控制炉膛内煤炭和风量大小以促进炉膛内煤炭的燃烧效率达到最大，燃烧后对高温烟气进行再次利用，最后通过除尘器将粉尘从烟气中分离。

与传统粗放式的煤炭锅炉相比，洁净煤技术大大提高了煤炭的燃烧效率。在目前无法完全抛弃化石能源的过渡时期，推进洁净煤技术的利用是减少煤炭能源污染的有效手段，也是我们为了保护地球家园而采取的积极行动。

想具体了解洁净煤技术每一步的原理和操作方法，请前往中国科技馆操作体验展品吧。

温室效应的二氧化碳和有毒的二氧化硫。不仅如此，剩下的废渣、待排放的废水，甚至以热的形式散失掉的大量能量，都会带来严重的环境问题。

当然，为了让发电进行下去，人们会尽力处理这些会造成污染的物质，把它们的危害降低再排放出去。但长远地看，以煤炭为能源的火电站还是会对环境造成负担。

新能源“新”在哪里？

传统的非清洁能源不仅越用越少，还容易带来麻烦，并不适合持续使用。煤炭是其中的代表，石油也存在类似的问题，天然气比较清洁，却又不可再生。如果一直指望这些能源过日子，人类很快就会坐吃山空，说不定还要面对污染造成的自然灾害。

相比于东边补一补，西边修一修，人们更想找一找别的方案。于是，经过了多年的探索和开发，新能源来到了我们身边。

新能源多种多样，统一的特点是——新！

新能源的新是相对旧能源而言的。旧能源，或者说传统能源，也叫常规能源，一般指人类足够了解，并且已经广泛使用的能源。

煤炭作为传统能源里的老大哥，按工业使用历史算已经超过两百年。石油和天然气也是从 19 世纪起就备受瞩目。在发电方面，同样历史悠久的传统方法还有清洁的水力发电。但水力发电对地形要求比较高，并不是有水的地方都能用，所以到目前为止，使用传统燃料的普通火电站依然是发电的主力军。

相比之下，新能源更像一群小朋友。风能和太阳能算是小朋友中的大朋友了，但风能发电直到 20 世纪下半叶才真正发展起来，而世界上第一块具有实用价值的太阳能电池直到 20 世纪中期才出现。还有许多更加稚嫩的新能源正在被研究探索，比如生物质能和氢能。

正是因为比较年轻，新能源还有许多需要改进的地方。但它们依然代表了希望，一旦真正成长起来，就能解决传统能源解决不了的问题。正因如此，中国一直很重视新能源，就在 2022 年，国家发展改革委和国家能源局还发布了《关于促进新时代新能源高质量发展的实施方案》，支持新能源技术进一步成长。

可喜的是，有不少新能源在应用上已经有了惊人的进步。它们早已不只是概念和计划，而是开始实实在在地支持现代人的生活了。

在所有的新能源之中，有一位被寄予厚望的明星。它就是我们这本书的主角——核能。

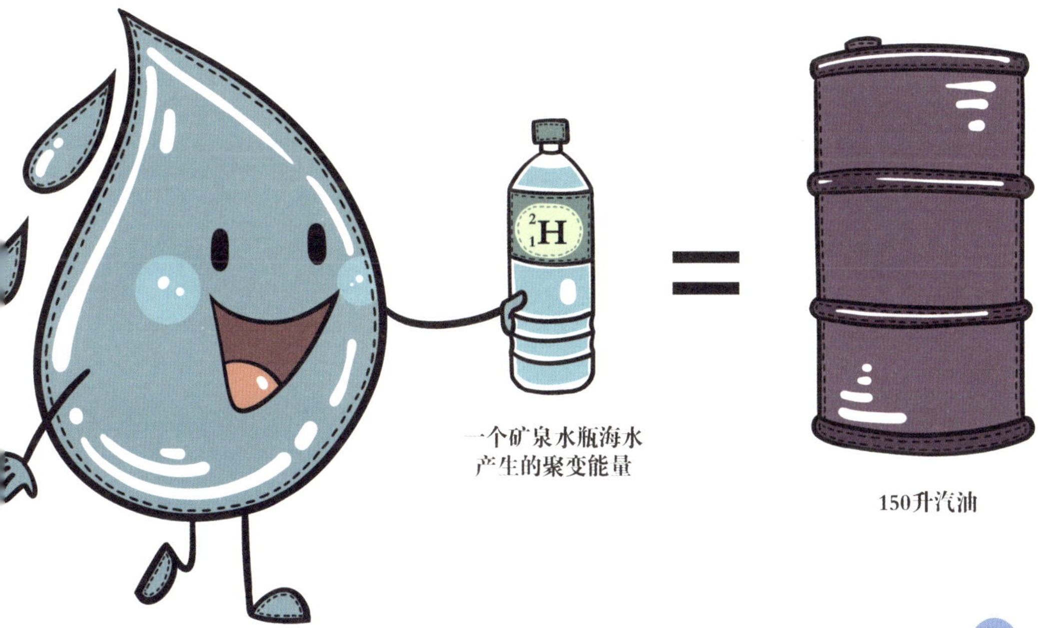

走进科技馆

发电乐园

根据 2018 年全球用电量统计，人类近年来平均每年用电量为 22.9 万亿千瓦时，日均用电量为 630 亿千瓦时。那么电是不是用之不尽、取之不竭的呢？当然不是！电能一般是通过发电机从其他形式的能量转化而来的，而最常用来发电的化石能源是有限的。为了能够满足人类社会的用电需求，世界各国都在努力寻求清洁高效的发电技术。那么现在有哪几种常见的发电方式呢？

中国科技馆“发电乐园”展品，通过发电模型、灯光系统和展台介绍了火力发电、太阳能发电、风力发电、水力发电、核能发电五组发电模型。展台中设置了代表电能传输的灯带，中间设置 LED 灯柱，顶部设置圆盘灯带，设有 5 个扇形区域，分别代表五种发电过程。

当我们分别操作不同发电模型上的互动结构时，可以直观地看到火力、太阳能、风力、水力、核能的发电过程，而灯带的点亮速度和高度则代表了不同发电方式的效率差异。那么在五种发电方式中，哪种方式的发电效率最高呢？通过操作观察就会发现，核能发电的效率是最高的。虽然核能发电具有很高的效率，但是我国目前最成熟的发电技术是火力发电。

想要对比观察五种发电方式发电效率的不同吗？前往中国科技馆来操作体验“发电乐园”这件展品吧。

地热能利用

在新能源领域，除了我们熟悉的风能、太阳能、核能等，还有一种新型能源存储量大、无污染、可循环利用，那就是地热能源。地热能是由地壳中抽取的天然热能，这种能量来自地球内部的熔岩——干热岩，并以热力的形式存在。地热能的能量足以强大到引发火山爆发甚至地震。干热岩埋藏在地下，距离地核很近，因为地球内部蕴含着巨大热量，所以干热岩的温度一般大于180℃。

地热发电是利用地热能的最重要方式。地热发电的过程，就是把地下热能首先转变为机械能，然后再把机械能转变为电能的过程。要利用地热能，首先需要有“载热体”把地下的热能带到地面上来，比如地下的天然蒸汽和热水。干热岩发电，就是将地面的冷水注入地下深处，利用干热岩的热量加热，使水成为热水或水蒸气，用来发电。地球深处干热岩所蕴含的能量巨大。干热岩发电既不用燃烧化石燃料，又不会排放温室气体和其他污染物。使用后的温水可以再次注入干热岩中，进行循环利用。

中国科技馆的“地热能利用”展品，模拟了将冷水注入地下干热岩中，冷水与干热岩接触后会形成热蒸汽，热蒸汽运动到顶部释放，用于供热和发电的过程。通过操作体验，直观地感受地热带来的能量吧。

为什么把核发电比作“人造太阳”？

核能承载了多少期望呢？核电技术是国际公认的超级宝库，可控核聚变甚至被称作“人造太阳”。即便是相对不那么酷炫的可控核裂变，和迷你恒星也有几分神似。

事实上，小小的“核”蕴藏着巨大的能量，如果开发得当，可以像小太阳一样不知疲倦地燃烧。不仅如此，核能还和太阳能一样，足够清洁环保。正因如此，从 20 世纪中期直到现在，人们一直在努力研究和探索核发电，核电站也经历了几次全面升级，逐渐进入第三代和第四代技术大放光彩的时期。

在这一章，我们就来看一看核发电的特点和发展历程。

核发电的超级宝库藏着多少能量？

之所以把核发电和太阳发光发热做比较，最直接的原因在于，两者都是通过核反应释放能量的。

也许你也听说过核反应的威力有多么巨大。以它为原理的武器可以将广阔的地区瞬间变成人间地狱，所以国际社会十分关注核武器的管理和限制，不希望如此具有破坏性的技术被随意利用。

但是，能量并无好坏之分，关键要看我们如何使用。同样是利用核反应，如果我们把威力巨大的核能转换成电能，就可以为千千万万的家庭和许许多多的产业输送能量，支持现代社会的健康运转。

让我们用数据做一个对比，氘和铀235都可以作为核燃料。1千克的氘完全聚变可以释放 3.5×10^{14} 焦的能量，1千克的铀235完全裂变可以释放 8.2×10^{13} 焦的能量，而1千克的煤完全化学燃烧只能释放 3.3×10^{7} 焦的能量。如果这些能量大部分都能转化成电能，那么成熟的核发电比普通的燃煤发电要高约百万倍！

核发电能像太阳一样长久吗?

短时间能释放很多能量当然是优点，但如果没几次就用完了，那也不算是真正的能量宝库。在这方面，核能是否也像太阳一样可靠呢?

在一定程度上，是的。相比于容易消耗殆尽的化石燃料，核燃料总体来看还是相当丰富的。虽然其中有铀 235 这样的稀有物质，但也有氘这种庞大的超级宝库。后者在水中的含量约为 0.003%。这个比例听上去很小，但我们都知道，地球表面的水远多于陆地，如果海水里的氘能够全部得到利用，释放出的能量极为可观，也许可以供人类使用百亿年。

能源天平

如果想知道核能发电相比于传统发电有多高效，欢迎来中国科技馆使用“能源天平”这件展品进行体验，它位于四层同构能源格局展厅，主体是一架大大的天平，但它要测量的可不是谁的质量，而是利用天平的平衡来进行场核能发电与传统发电发电量的大 PK。

这架能源天平的左侧代表了“核电站的主要燃料——1 千克铀 235 的发电量”，而下方不同造型的砝码则代表几种传统发电方式的发电量：煤炭造型的砝码代表 450 吨标准煤的发电量；风车造型的砝码代表 13 台 1000 千瓦的风机在七级大风下持续工作 10 天的发电量；太阳能板造型的砝码代表 10 个足球场面积的太阳能板 1 个月的发电量；水坝造型的砝码代表整个三峡水电站 24 分钟可发电量。这样，我们就可以在右侧放置这些砝码进行平衡实验，通过观察天平中间蓝色能量条的变化，就能知道要想达到 1 千克铀 235 的发电量，需要传统发电做出多大“努力”。

可以先将同种能源的发电量砝码模型依次放置在天平右侧托盘中，再选择多种能源的发电量组合放入右侧托盘，探究不同能源发电量的组合与 1 千克铀 235 发电量的差异哟！

核燃料与同位素

铀235、钚239、氘、氚——为什么核燃料的名字都怪怪的？背后的原因关乎一个概念，叫作同位素。

我们先来说说氘和氚，如果你觉得它们俩很陌生，那也没有关系。你一定听说过它们的统称：氢。事实上，氕、氘、氚是如假包换的亲兄弟，它们拥有同样的质子数，这相当于元素的分类认证卡，质子数相同就是同一种元素。

那么三兄弟之间有什么区别呢？关键在于中子数。氕没有中子，氘有一个中子，氚有两个中子。如果几种元素质子数相同，中子数不同，它们就互为同位素。

再看铀235和钚239，为什么它们的名字里既有汉字又有数字呢？因为这两种元素都有多种同位素，我们在它们的大名旁边加上质子数与中子数之和，这样就能说清楚我们需要的到底是哪一种物质了。

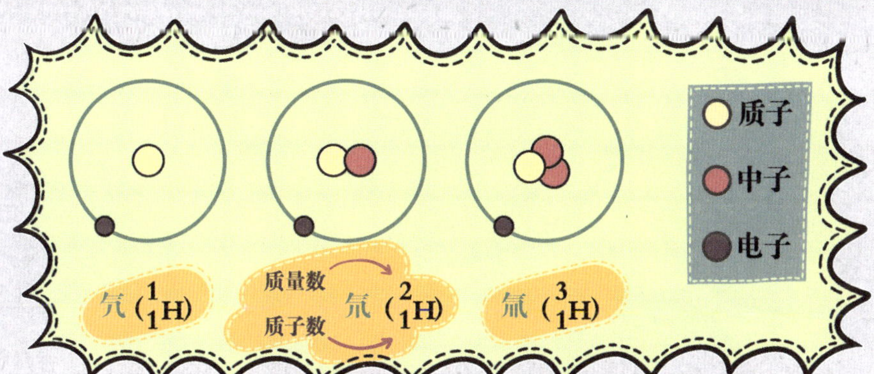

氢的同位素

除了缺乏原料，污染也是个问题。就算资源多得不得了，如果发电厂运行一段时间就把环境破坏得一塌糊涂，那也就谈不上长久了。好在与传统的火电站相比，核电站并不会排放各种有毒有害气体，基本能够做到零碳，不加剧温室效应。所以从分类上讲，核能源属于优质的清洁能源。

读到这里你也许会问，难道核发电没有缺点吗？不是有很多人说核电站非常危险，一旦出事故就很恐怖吗？

的确，世上没有十全十美的东西。太阳能带来光和热，也会导致晒伤、干旱。要想开发清洁优质的核能，也要面对许多技术性难题，包括如何保证核电站和周围居民的安全，如何处理放射性废料，等等。

通过技术进步妥善处理核发电的风险，我们才能充分享受它的优点，同时不被它的缺点所影响。为了实现这个目标，从第一个实验性核电站建立直到现在，人类已经努力了大约七十年。

我们的迷你太阳建设得怎么样了？

经过七十年左右的探索和开发，核电技术发展得怎么样了？和早期相比，现在的核电站可以用四个字来形容——脱胎换骨！

从 20 世纪中期到现在，核电站至少经历了三次升级。第一代核电站的主要目的是实验，看一看核发电可行不可行。取得一定的经验之后，人类在 20 世纪 60 年代开始建设第二代核电站，除了进一步确认核发电的运转，第二代核电站还有一个任务，就是让核电站自己赚到钱，靠实力而不是补贴站住脚跟。

然而，就在第二代核电站运转得热火朝天，不断取得成绩时，两场事故给人们泼了两头冷水。美国的三哩岛核电站和苏联的切尔诺贝利核电站都出现了极为严重的安全事故。核电技术一度从人人追捧的明星变成了人人害怕的灾星，甚至有人提出放弃这项技术。

如果遇到困难就退缩，人类文明就无法发展至今。面对核电站带来的风险，人们决定整理思路、解决问题。就这样，要求更加严格、设计更加稳妥的第三代核电站逐步建立起来。目前，第二代核电站正在老去，第三代核电站将成为核发电的主力。

如今，全世界一共有四百多台正在运行的核电机组，2021 年发电总量达到了 26530 亿千瓦时，在全球发电总量中占到了十分之一左右，可以说初步获得了成功。而且，核电站的升级之路并

没有到此结束。在建设第三代核电站的同时，人们还在探索安全性和经济性都更上一层楼的第四代核电技术。

在核能开发的征途上，中国技术团队的身影格外突出。2020年，中国的核发电量已经跃居世界第二。我们国家目前拥有将近20座核电站（未包括台湾地区，且为2023年数据），同时还在研究第四代技术，以及更具未来感的可控核聚变。相信在不久的将来，我们国家很有可能连续创造核电领域新的第一。

不过在那之前，我们要先了解几个问题。核能究竟为什么如此优秀，同时又有如此大的风险呢？“核”到底是什么？在接下来的两章，我们将回顾科学的历史，讲述核反应的原理，让你深入地了解“核”背后的奥秘。

小小的“核”肉眼不可见，人类是如何发现它的？

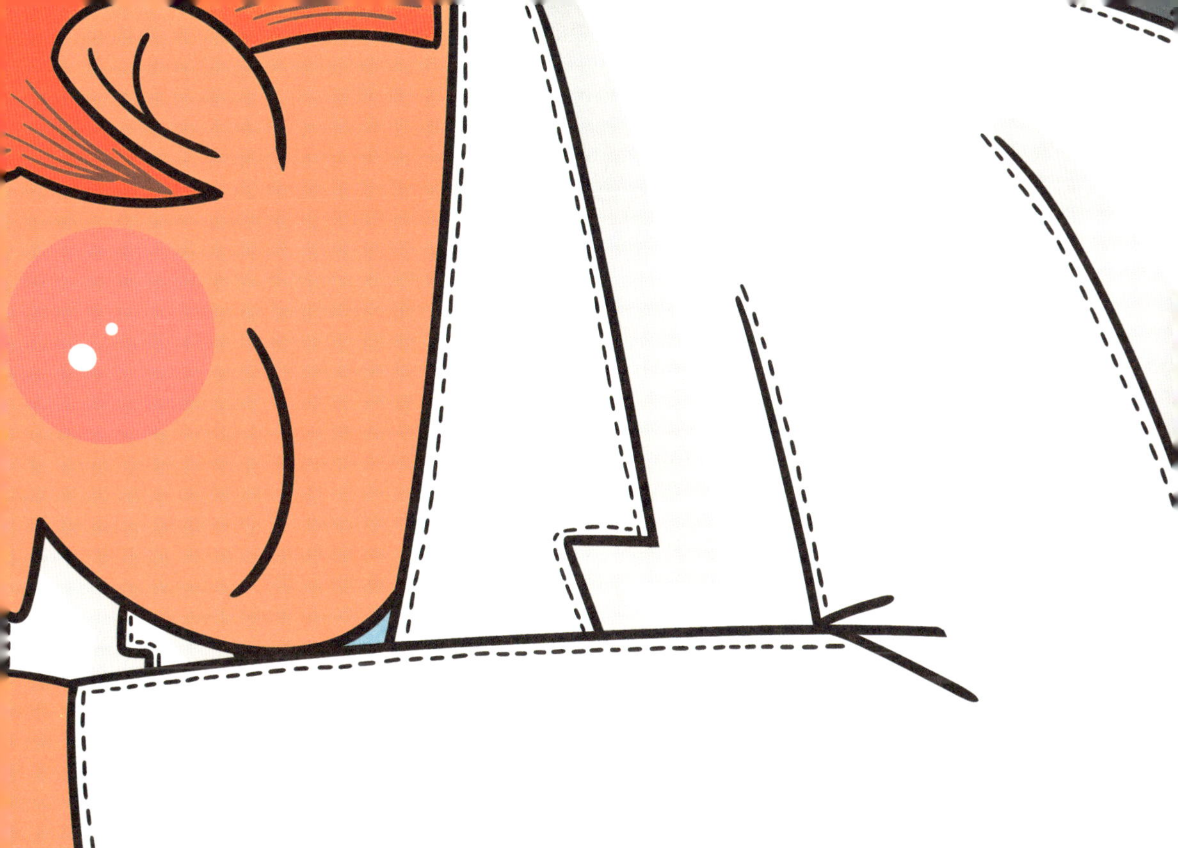

核发电利用的是核能，那么核是什么呢？它是存在于原子之内的小小核心，而原子是组成物质的小小粒子。

原子非常非常小，不要说用肉眼，哪怕是借助一般的显微镜，我们也无法看到它。几十万个原子排列起来，也许只能抵得上 1 根头发的直径。我们的世界就是由这样小的小单位组成的，而小单位内部还有更小的世界，原子核就是那个小小世界的核心。

那么，既然原子核小得不得了，人类又是怎么了解它的呢？原子核里面还有更小的物质吗？在这一章，我们就来了解人类探索粒子的故事。

为什么说原子核的真面目是“撞”出来的？

早在几千年前，人类就开始思考一个问题：最小的物质是什么？虽然没有成熟的实验，但哲学家在思索中提出了这样一个猜想：世界是由千千万万个基本小单位构成的，这样的小单位就叫作原子。

大约在19世纪，原子才真正成为一个科学概念。科学家虽然无法直接剖开小之又小的微粒，却能够间接观察到它们存在的证据。比如电子的发现就得益于一种叫作阴极射线管的设备，施加高电压的时候，它会产生一种射线。经过对这种射线的研究，人们最终确定它是由电子构成的。而电子正是原子的一个组成部分。

原子核的发现过程则更为有趣，它的真面目是“撞”出来的。

在发现电子以后，科学家们又整理出了两条线索。第一，和原子的质量相比，电子质量极小；第二，电子带负电荷，原子却是电中性的。这说明原子内部一定还有某种比较重的组成部分，而且它带有正电荷，可以抵消电子的负电荷。

为了研究清楚这个零件，物理学家设计了这样一个实验：把带正电荷的阿尔法（α）粒子打到一层金箔上，看一看会发生什么变化。

结果，大部分阿尔法粒子直接穿过了金箔，有一些却飞出了很大的角度，甚至反弹了回来。这说明什么呢？因为非常薄，我们可以认为金箔只有几层原子那么厚。原子中的电子又非常之轻，它们的影响可以忽略。一定是另一种物质在原子内位置特殊，才会造成这样奇特的现象。

物理学家做出了判断：原子的中心有一个个头很小但质量很大的核，它带有正电荷。多数阿尔法粒子是直穿过去的，少数受到原子核的影响，改变了运动方向。

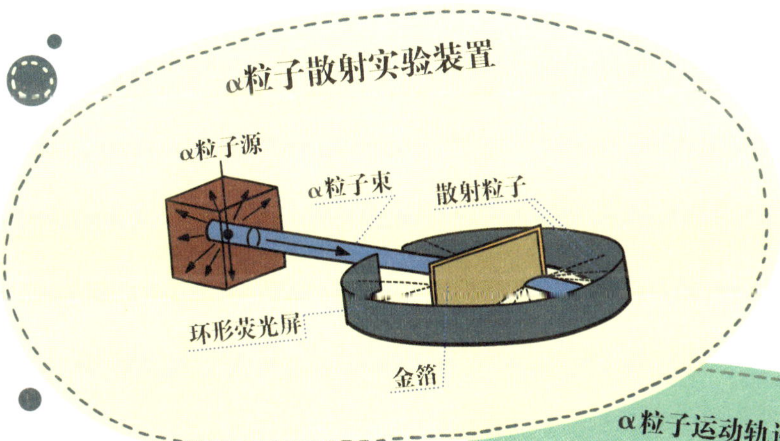

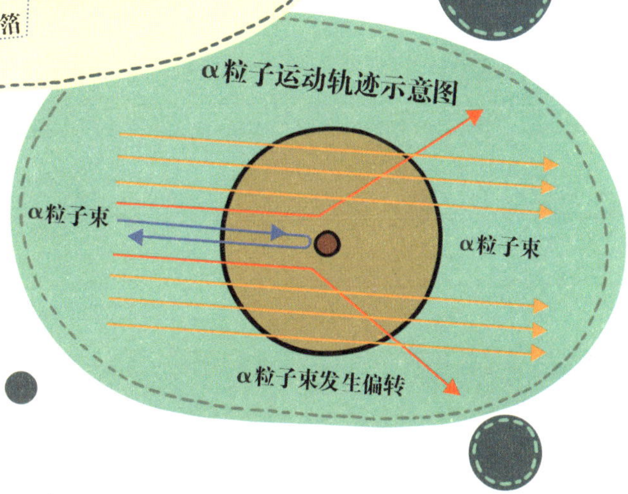

原子核里面有什么？

“看到”了原子核，故事还远没有结束，因为人们又发现了新的问题。

正如前面提到的，原子的质量大部分来自原子核。很快，科学家又通过“撞击”找出了氢元素的核，也就是最轻的原子核。

当时的科学家已经有了化学元素周期表。你一定也见过这张神奇的元素清单，它给世界上所有的元素排好了队。每个元素都有一个“号码牌”，叫作原子序数。根据元素周期表，科学家们进行了初步的推测，应该有很多元素的原子满足如下条件：它们的质量大致等于原子序数乘氢核的质量。

但这个式子却被证明是错误的，这样算出来的原子核太轻了。于是科学家又开始思考下一个问题：是不是其他原子核多出了一部分质量呢？或者说，是不是氢核缺失了一部分质量呢？

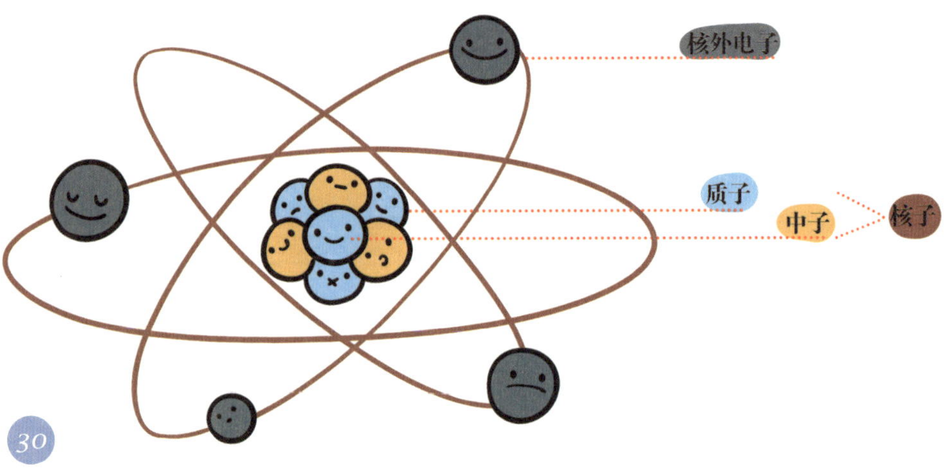

走进科技馆

微观粒子结构探索

在中国科技馆中，有一件名为“微观粒子结构探索”的展品，为我们“再现”了上面提到的两个著名的历史实验。

“汤姆孙阴极射线实验演示”展项模拟了1897年科学家汤姆孙发现“电子”的关键实验。在圆形展台的中央放置了一个阴极射线管设备，按动展台上的按钮启动阴极射线管，就能在荧光屏上看到一条绿色的射线，此时，当我们转动操作台上的磁铁，就会发现：射线的方向会跟随磁铁的转动而发生偏转，而且偏转的方向与带负电的粒子相同。科学家汤姆孙就是通过这个实验得出：阴极射线是由许多高速运动的带负电颗粒构成的。这种颗粒比原子还要小得多，由此将其命名为“电子”，这被认为是历史上发现电子的经典实验。

“卢瑟福 α 粒子散射实验演示”模拟了1909年科学家卢瑟福发现原子核的实验。在展品中放置了 α 射线放射源模型并在前面固定一块金箔模型，用来模拟 α 粒子轰击金箔；为观测到 α 粒子的偏转情况，展台上还有一个可以270° 转动的观测镜，观测镜屏幕上的亮点代表在那里接收到了 α 粒子，通过转动观测镜，就会发现除了金箔正后方接收到了粒子外，在其他位置也接收到了粒子，卢瑟福正是通过这样的实验概括出：绝大部分 α 射线直接穿过金箔，但也有极少数以很大角度反弹回来，这表明金原子内部绝大部分是空旷的，只有中央有一个非常坚实的核心。他由此提出原子内部有大量空间，而中心有一坚实的原子核。

如果想亲自再现这两个经典实验，欢迎来中国科技馆二层探索与发现A厅体验！

“撞击”实验

原子核的真面目是“撞”出来的，质子和中子的发现也离不开“撞”。这是一种很复杂的实验，计算机、高能射线、对撞机，都可能参与其中。这也是一种很简单的实验，因为它要做的事很好解释：想方设法让“神秘物体”参与碰撞，看看它有什么反应，或者看看它会从内部掉出什么来。

当人们难以直接观察和剖开研究对象的时候，这种依靠撞击完成的实验可以提供非常宝贵的信息。这一类方法直到现在还在被科学家们使用。

新问题的答案出现在 20 世纪 30 年代。依然是通过“撞击”，科学家在原子核的内部发现了中子。这是一种中性粒子，有一定的质量，但不带电。氢核之所以太轻，就是因为多数氢原子没有中子，它只包含一种微粒，叫作质子。

总结一下，原子是这个样子的：中心有一个很小很硬的核，核里有带正电的质子和不带电的中子，核外有带负电的轻质电子。

微观粒子结构探索——半立体加速器模型演示

“撞击”实验能成功，高速奔跑的带电粒子功不可没，但科学家们是如何让这些带电粒子“高速奔跑”起来的呢？中国科技馆的“粒子加速器”模型就能告诉我们答案。它是一个镶嵌在墙面上的模型，踩下正下方的脚踏开关，中间的粒子发射源就开始了粒子的发射，这些粒子经过加速线圈时被加速，经过偏转磁铁时发生方向的偏转，这样就能在一个小小的圆环空间内完成“助跑”运动，从而在出口处发射出高速“奔跑”的粒子，这时，如果有另一个高速奔跑的粒子与它迎面遇到，一场可能带来新发现的“撞击”实验就发生了！

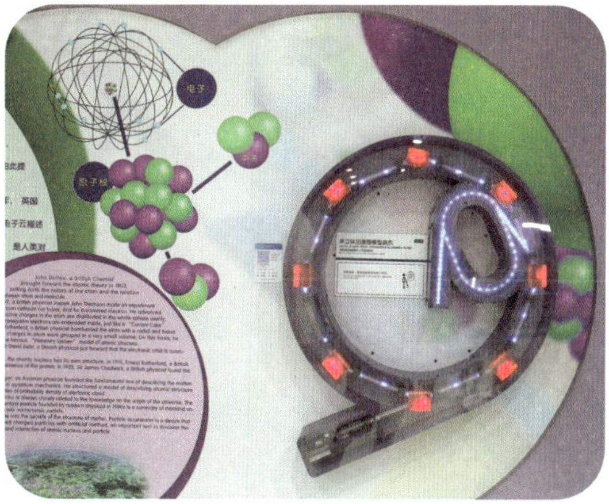

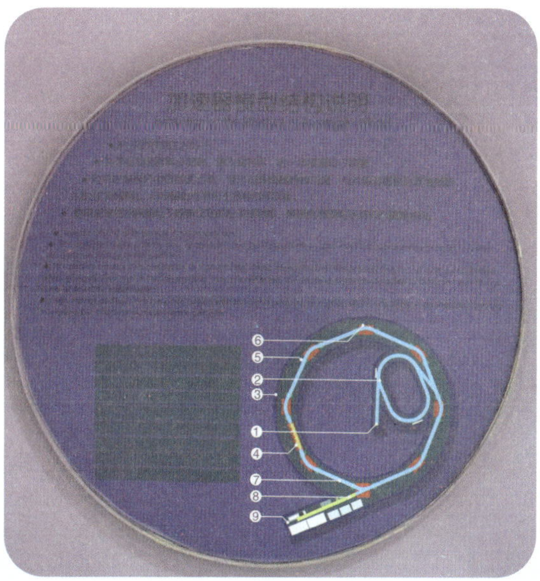

微小的粒子中还藏着哪些惊喜？

里里外外都探究了一遍，人类是不是已经足够了解原子了呢？并不是。在科学的历史上，对微粒的探索越深，科学家们发现的意外就越多。小小的原子就像一个神奇的万花筒，似乎总是藏着无法猜测的风景。

在19世纪末20世纪初，发现电子的物理学家汤姆孙认为原子就像一个葡萄干布丁，电子如同葡萄干一样镶嵌在带正电的部分上，发现质子的物理学家卢瑟福推翻了这个模型，但他也没能解释一个问题：电子和原子核究竟是怎样组合在一起的？

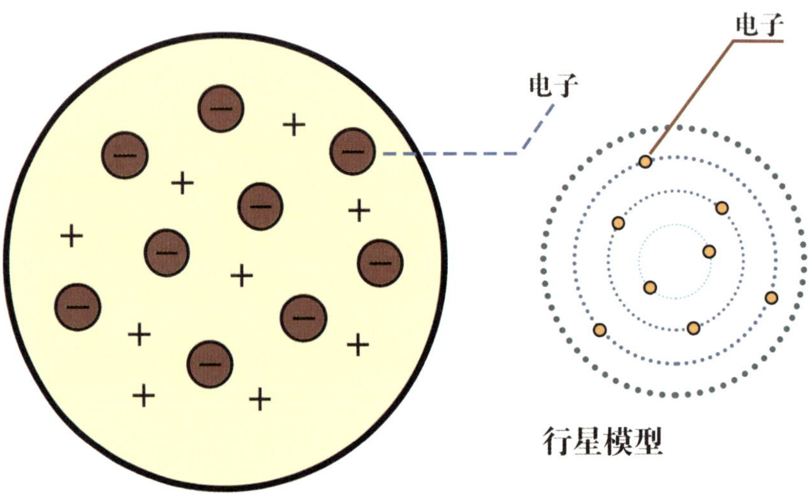

葡萄干布丁原子模型 & 星系原子模型

葡萄干布丁原子模型已经被抛弃，星系原子模型实际上也是错误的，我们现在看到的原子结构示意图只是看起来像星系，真实情况比示意图更复杂。

有这样一种说法：原子就像小小的星系，电子围绕原子核转动，就像行星围绕太阳转动。虽然听起来很完美，但这是不可能的。因为在这样的运动中，电子会向外发出电磁波，同时不断失去能量，最后没有“力气”留在轨道上，一头栽向原子核。

从修修补补到重新思考，科学家们一直在寻找符合真相的原子模型。这个问题终于在20世纪上半叶获得了惊人的突破。人们发现，在很小很小的世界里，我们所熟悉的经典物理规律不再适用。小小的微粒会有许多出人意料的行为方式，充满传奇色彩的量子力学就这样诞生了。

如今，人们已经开始应用量子技术。中国的科学研究也在这个领域取得了了不起的成就。2018 年，第一款国产量子测控系统研制成功；2020 年，第一台国产工程化量子计算机原型机本源悟源上线发布；2021 年，我们还拿出了自主研发的量子计算操作系统。

微小的粒子就是这样神奇，它们不仅能发电供能，还可以改变科技、改变我们的生活。当然，这份神奇背后是科学原理。小小的核不会无缘无故爆发出巨大的能量。为了了解其中的奥秘，在下一章，我们就来讲一讲核反应。

核聚变、核裂变，你知道不同的核反应有什么区别吗？

当小小的核爆发出巨大能量的时候，有一种特殊的过程正在进行，这就是核反应。而核聚变和核裂变正是核反应的两种类型。

你大概能从名字中猜出这两种反应的特点：聚变，意味着要把物质聚在一起；裂变，意味着要把物质分成小块。但你是否好奇过，裂变和聚变释放能量的原理是一样的吗？在利用核反应发电的时候，核电站的专家们更喜欢核聚变，还是核裂变？以及，最重要的，在核聚变和核裂变的过程中，到底发生了哪些变化？什么变成了什么？

在寻找答案的过程中，你会看到“活的”微粒。它们不再是图片上模型一般的物件，而是处在运动之中，可以不断变化的小不点。

为什么小小的“核”可以释放出巨大的能量？

我们首先来了解一下作为整体的核反应。在探索物质最小单位的过程中，人们发现了原子核，后来又发现了核能。微小的粒子在特定的反应中可以释放出巨大的能量，不得不说这是一个令人感到意外的发现。

这种违反直觉的现象要怎么解释呢？我们需要知道核反应有一个独特的地方——它会产生新的元素。

一般来说，化学反应会产生新的物质，但组成新物质的元素和组成旧物质的元素是一样的，比如氢气在燃烧中和氧气结合，会生成具有氢原子和氧原子的水。常见的物理反应就更不用说了，比如水结成冰，它的本质依然是 H_2O。

核反应就不一样了，它可以把氢变成氦。这样巨大的变化意味着原子核要拆开重组，过程往往伴随着质量亏损，但亏损的质量没有消失，反应会释放与之相应的能量。

还有一个原因。在质量总量不变的前提下，单个物质个头越大，数量越少；个头越小，数量越多。

我们可以举一个生活中的例子：大家一起乘坐载重 1000 千

克的电梯，如果每一名乘客只有 50 千克重，那么电梯一次可以承载 20 名乘客；如果每一名乘客都有 75 千克重，那电梯就只能承载 13 名乘客了。

这和能量有什么关系呢？正是因为微粒都非常小，哪怕只有一小块物质，内含的原子核数量都会达到天文数字。当这些原子核全部打开，完成核反应的时候，放出的能量总量就会极为惊人。

不过，我们怎么知道一块物质中的原子核是否能够全部重组呢？会不会出现少部分原子核想重组，大部分不想重组的情况呢？这就要说到核裂变和核聚变的条件了。

这就是质能方程，那位发型很有个性的科学家就是它的提出者，阿尔伯特·爱因斯坦。

曾经，人们认为质量和能量界限分明，质量守恒和能量守恒似乎是纹路相同的两片叶子，虽然很像，但你是你、我是我。但质能方程告诉我们，两片叶子叶脉相通。

质能方程

还记得质量守恒和能量守恒吗？现在，我们就来继续讨论这个话题。

你大概在不少地方见过前面的方程式，它常常和一位头发乱糟糟的科学家一同出现。许多人直接用这个式子来代表物理精神，把它印在T恤衫上，写在笔记本封面上，甚至做成胸针，别在书包上。

当然，质能方程也不能让我们凭空获得（或抹除）能量和质量，这些东西依然遵循着不生不灭、不断转换的规律，但人们看待质量和能量的视角发生了变化，我们眼中的世界更有趣了。

在核裂变中，原子们为什么容易“high”起来？

从释放能量的角度讲，核裂变有一个特点，它比较容易让聚集在一起的原子们一个接一个地“High”起来，共同完成轰轰烈烈的反应。

我们先来看一看核电站常用的铀235，它有几种不同的裂变情况，下面是其中一种：

$$^{235}U+n = ^{139}Xe+^{95}Sr+2n$$

正如我们看到的，把一颗中子像打弹弓一样打向铀235原子，后者会裂开，变成两个新原子，外加两个新中子。

这时，如果旁边正好有许多别的铀235，新出现的两个中子就会飞向它们。这意味着上面的反应会在两个新的铀235身上再次发生，在加倍产生新原子的同时，飞出四个中子。

仔细想一想，你就会发现，中子会不断地加倍出现，击中附近的铀235。这个反应不仅能传递下去，还会让越来越多的原子参与进来。就像一个“拍一拍”的小游戏，游戏的发起者要伸出两只手拍一拍两个不同的伙伴，被拍到的伙伴又要用同样的方法去拍新伙伴，一拍二，二拍四，四拍八……过不了多久，在场的所有伙伴都会被拍到。

因为容易进入这样的“链式反应”，所以核裂变更早被人们

链式核裂变反应

走近展品，你可以通过转动有机玻璃罩，带动内部的屏幕使小球在屏幕上自由滚动，当小球恰好碰撞到屏幕上显示的铀核后，屏幕上就会出现裂变过程的动画。经过几次碰撞后，会激活屏幕开始播放链式核裂变反应不断产生能量的过程。这件展品采用了虚实结合的方式，利用虚拟的铀核、真实的小球相互作用演示了到底什么是链式核裂变反应。

什么是链式核裂变反应呢？当中子快速撞击某些重元素的原子核时，比如铀 235 原子核，会引起原子核碎裂，变成两个或多个质量较轻的原子核，这是裂变过程。裂变时能释放出能量，同时又会产生新的中子。新产生的中子如果能跟旁边其他的重元素原子核继续发生撞击，裂变反应会连续不断地进行下去，并源源不断地释放能量，类似多米诺骨牌效应，这个过程就是链式裂变反应。

链式核裂变反应的发现开启了人类利用核能的大门。这一反应发现后，很快被用在了军事上，原子弹便是利用这一原理制成的，不加控制的链式核裂变反应带来了原子弹巨大的破坏力。核电站也是利用这个原理，通过合理控制和维持链式核裂变反应的发生，实现将核能转换成热能的过程，这个反应能量产生的效率要比普通的火力发电高得多。

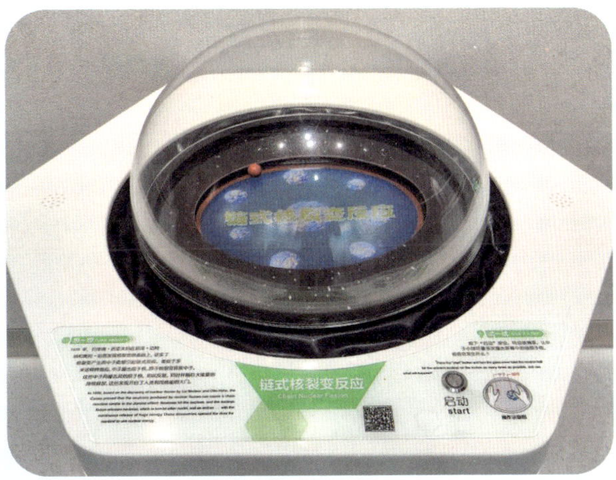

科学研究就像一把双刃剑，只有把科学发现应用于正确的领域，才能真正促进人类社会的进步！

所应用。目前的核电站采用的正是核裂变原理。相比之下，核聚变的反应条件很不容易达到和保持，是一种更加麻烦的核能开发之路。但科学家们一直非常想要突破核聚变技术，因为它另有优势。

为什么可控核聚变更难，却也更值得开发？

我们曾经提到，可控核聚变堪称真正意义上的人造太阳，毕竟太阳的能量来源正是核聚变。

这是否意味着核聚变是一种可以自然发生的反应呢？那利用核聚变发电到底难在哪里呢？如果有这样的疑问，请你想一想，太阳与地球最明显的区别是什么？没错，太阳宛如一个巨大的火球，它的温度远高于地球。

正因如此，在地球上，我们需要把一定量的核燃料加热到极高的温度，而且要保持一定的时间，才有可能让它们像在太阳上一样发生反应。我们来看看氘的一种聚变。

这个反应不是从飞出的中子开始的，而是需要让两个氘原子直接结合。这必定是个很难发生的反应。如果在常温常压下，原子就可以随意聚变，那我们的地球会充斥着可怕的爆炸，根本无法有生物存活。

所以，开发核聚变意味着强行将单个原子凑到一起，让它们在高温且不宽敞的空间里剧烈运动，如果各项条件维持的时间够长，就会有原子一不小心狠狠地撞在一起，从而完成反应。

虽然更加麻烦，但核聚变有许多的优点。

核裂变往往要用元素中的“大块头”做燃料，但类似铀这样的重元素在地球上并不是随处可见的。相比之下，核聚变的燃料则丰富得多，这意味着核聚变可以更长久地为核电站提供支持。而且，核聚变产生的能量比核裂变更大，如果能够成熟地运用核聚变发电，我们便如同找到了更大的能量宝库。

这是一个非常宏伟的目标，但科学家们，尤其是中国的科技

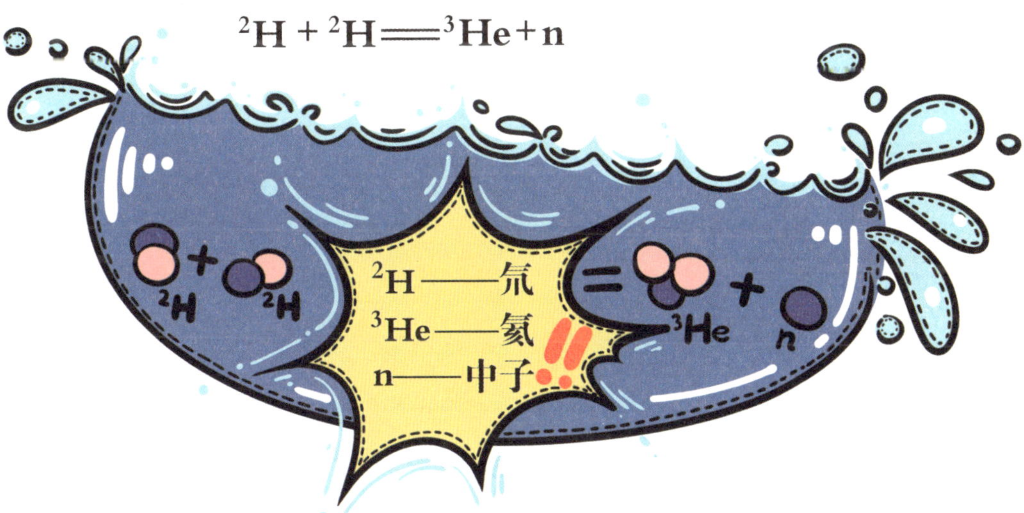

团队，已经获得了可喜的进展。不过不必着急，在接下来的几章，我们先来看一看已经投入应用的核电技术在现实中是如何运转的。它们终将引领我们迈向未来，走向正在诞生的核聚变发电站。

为什么说
核电站主要
是在烧开水？
茶

你听过这样一种说法吗？发电站主要是在烧开水，核电站也不例外。这样一描述，高深的核电技术好像一下子就变得平平无奇了。烧开水谁不会呀？我们在家里就可以烧开水。

在一定程度上，这句话并没有说错。火电站也好，核电站也罢，燃料都要在一定的过程中释放热能。在实际工作中，这种热能会用来制造高温蒸汽，从原理上讲就是烧开水。

不过，同样是烧开水，我们的厨房和热水壶并不能发电。火电站却可以支持现代城市的运转，核电站更是能够成功地把核能转化成电能，为解决能源危机提供希望。所以把核发电简单地归纳为烧开水，也未免太过笼统了。

在这一章，我们就来具体地看一看，能量在核电站转化的过程。

核电站有哪些组成部分？

核电站为什么可以靠烧开水发电呢？事实上，在发电的过程中，被烧开的水就像一群能量的小搬运工。它们在专业设备之间跑来跑去，先领取核反应释放的热能，再交给发电设备，让后者产生电能。

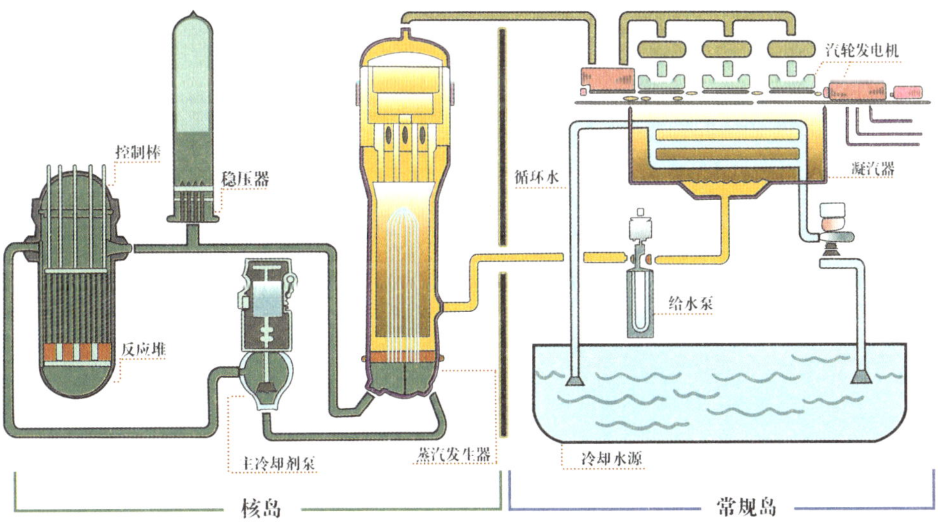

轻水堆核电站的设备

就像图中展示的，核电站大体上分为核岛和常规岛两个部分，一个负责烧水，一个负责发电。

核岛的核心，就是大名鼎鼎的核反应堆。核燃料在这里发生反应，产生大量的能量。这些能量会传递给蒸汽发生器，在这里，小搬运工吸足能量，从液体变为气体，进入管道，蹦蹦跳跳地前往常规岛。

常规岛的设备看起来比较普通，但它们也承担着重要的职责。小搬运工把能量交给汽轮发电机组，再在凝汽器的帮助下，重新变回能量较低的液体状态，然后它们会回到核岛，等着领取下一波需要传递的“能量快递”。

就是在这样的过程中，核能得到了转换，最终成为我们可以使用的电能。传统火电站也有类似的过程，不过在那里，用来烧水的能量来自化石燃料。

值得补充的是，能量搬运团队的成员并不都是水。如果我们仔细看一看上面这张图，就会发现图中有不同的循环。虽然都有能量在流动，但它们的职责不同，参与其中的能量搬运工也不一定相同。

核反应堆不能直接当“炉灶”吗?

这两个循环，分别叫作一回路和二回路，上面提到的过程实际上是二回路。

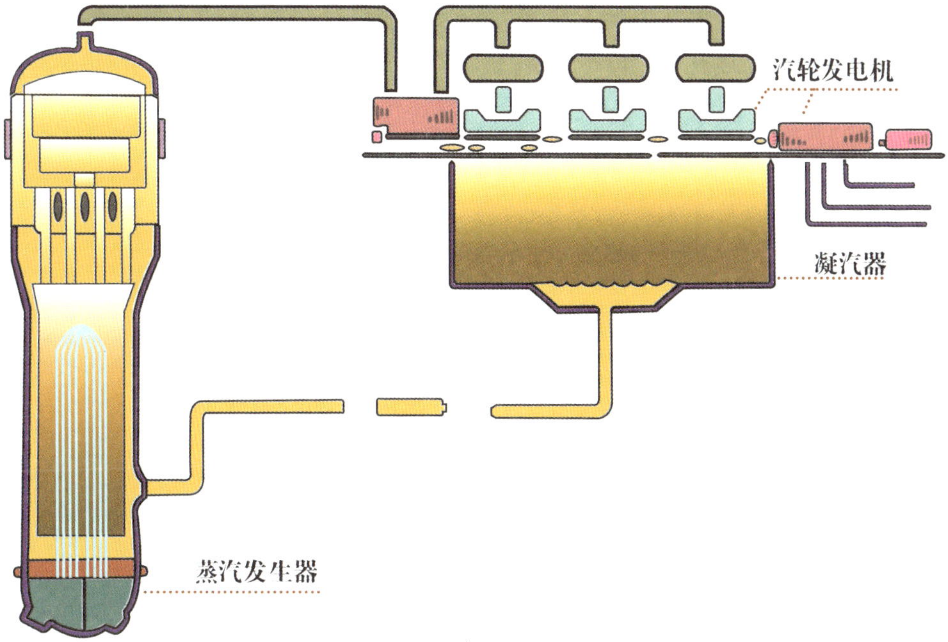

二回路

而一回路指的是核岛内部的这个过程。

没错，核反应堆一般不会充当“炉灶”，人们很少把水直接架在上面烧，而是需要先借助一回路的另一群小搬运工，把热能送入蒸汽发生器的加热管。

虽然看起来像是多此一举，但一回路的存在还是有一定必要的，最好不要省略。核反应堆会产生放射性很强的物质，流经反应堆的水也会受到污染。如果没有一回路，有害物质会进入常规岛，也更容易跑到外面，造成危害。

而且，核反应总归是有些危险的，一回路不断带走能量，防止核反应堆过热，还是比直接把反应堆当灶台用要稳妥一些。所

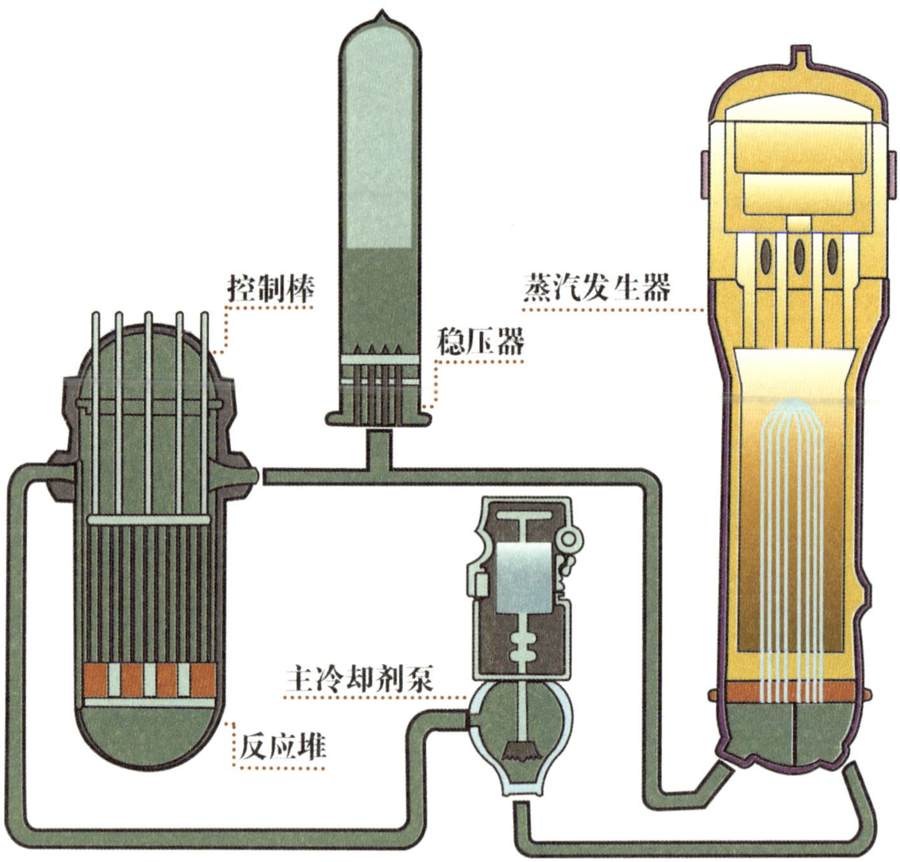

一回路

以一回路的能量搬运工有一个大名，就叫冷却剂。而且一回路会直接跟核反应堆一起工作，冷却剂最好还能“皮实”一些，就算长时间承受辐射，也不容易“生病”“罢工”。

普通的水就可以胜任这项职责，因为它容易获得，而且没有太明显的缺点。不过，技术专家也在尝试其他方案，现在已经有很多种不同的冷却剂投入使用，包括重水、氦气，甚至液态金属。

而且，在很多情况下，冷却剂的选择和核反应堆的类型是相关的。

核反应堆有哪些类型？

核反应堆主要有这么几种类型：轻水堆、重水堆、高温气冷堆、快中子反应堆、钍基熔盐堆。

轻水堆中的压水堆是目前的主流堆型，采用普通水作为冷却剂。就发电总量来说，采用压水堆的核电站在核电领域可以说是遥遥领先，因为相关的技术比较成熟，成本也比较低廉。

轻水堆中的沸水堆，则是不区分一二回路的堆型。采用沸水堆的核电站相当于把反应堆当炉灶用，真的在直接烧开水。这样做比较“省事儿”，成本也会更低，但就像前面提到过的，这会带来安全隐患，所以世界各国已经在逐步淘汰这种核电站了。

重水堆用重水做冷却剂。如果你不知道重水是什么，可以回忆一下氢的同位素氘。普通氢构成的水是轻水，氘构成的水就是重水了。事实上，重水是很适合做冷却剂的，重水堆甚至可以为整个核发电过程节省一个步骤。可惜的是这种堆型成本比较高。

另外三种堆型采用的是第四代技术，它们的设计理念更新颖，采用的冷却剂也比较有个性。

高温气冷堆主打一个安全性能好。不仅设计了专门的安全燃料球，还用具有化学惰性的氦气做冷却剂。快中子反应堆和钍基熔盐反应堆则在核燃料上做了新文章，同时搭配了新的冷却剂，分别是液态钠和复合型氟化盐。经过新的设计和调整，它们将更好地利用核燃料，更少地产生核废料，让环保更进一步。

当然，在这一部分，这些各不相同的反应堆只是简单亮了个相。我们还没有介绍它们最重要的部分，也就是发生在它们肚子里的核反应。在下一章，我们将进入不同反应堆的内部，简单的公式会变成具体的设备和操作方法，你将看到现实中受到人类控制的核反应是怎样发生的。

走进科技馆

“华龙一号”核岛

中国的第三代核电技术采用的是压水堆，你知道为什么叫压水堆吗？下面我们通过中国科技馆的展品“华龙一号”来了解一下。

中国第三代核电技术主要采用的是三回路热交换原理，用水将核反应堆产生的热量从一回路传递到二回路，也就是核反应堆直接加热一回路的水，一回路的水再加热二回路的水，二回路的水被加热后产生水蒸气，水蒸气推动汽轮机转动后，再通过三回路的冷水降温，被降温的水蒸气变为液体水，继续在二回路中被加热至水蒸气，再推动汽轮机转动，循环往复。

我们可以通过控制展品操作台上“一回路”和“二回路”两个按钮来显示这个能量传递的过程。通过展品我们会发现一回路是直接和反应堆接触的，反应堆产生的热量直接加热一回路的水，而一回路的水和二回路的水并没有直接接触，二回路的水只是将一回路的热量带走了，隔绝了一回路中可能会有的核燃料。这样做为核电站的安全性提供了一层保障。

但是你注意到了吗？一回路的水吸收核反应堆热量后，将二回路的水加热至产生水蒸气。我们知道核反应堆释放的能量巨大，一回路的水被核能加热后，如果在常温常压下，会迅速受热变成水蒸气。水蒸气在常温常压下的温度是100℃，一回路100℃的水蒸气可以将二回路的水加热至产生水蒸气吗？答案是不能。想要加热水至产生水蒸气，首先需要将水加热至100℃，然后持续加热，水才能沸腾并持续产生水蒸气。而100℃的水蒸气最多只能将水加热至100℃，这时两者之间因为没有温度差而不能再发生热传递了，所以二回路的水不会沸腾，也不会产生水蒸气。那应该怎么办呢？这也是核反应堆要连接稳压器的原因，稳压器可以控制核反应堆内的压力保持在一定的范围。

“华龙一号”核电站核反应堆运行时压力容器内的压力一般为15.5MPa（相当于155个标准大气压），压力容器内温度一般为343℃。也就意味着一回路的水在155个标准大气压下，沸点会升高，可以被加热至300多摄氏度。而二回路的压力没有一回路高，二回路水的沸点也没有一回路高，因此一回路的水可以将二回路的水加热至产生水蒸气。这也是这种类型的反应堆叫作压水堆的原因。

核反应堆内部有什么？

核反应堆，是核反应发生的地方，它就像一个能量之泉的泉眼，为整个核电站提供了运转下去的理由。

当然，核反应造就的泉眼格外与众不同。我们希望它顺畅地流出能量，又不希望它流得太急、太猛烈，免得泉眼变成洪水猛兽，造成人员和财产损失。为了实现这样的目标，人们为核反应堆设计了十分独特的结构，常见的反应堆就像插满杆子的特制大壶。

另外，不同的反应堆里可能会发生完全不同的反应，受控核反应也是一场奇特的盛会，参与其中的物质每一个都很有个性。

在这一章，我们就来看一看反应堆里有什么，以及核电站里的核反应是如何发生的。

核反应堆为什么像插着杆子的铁壶？

核反应的威力无须多言。制造核反应已经不易，制造核反应的同时还要让它乖乖听话，那就更需要聪明的方案了。

目前较为成熟的核裂变发电站采用的是这样的核反应堆，从外面看，它就像一个插满杆子的铁壶。也许有人觉得真正的高科技设备不该这么不酷炫，但这样的设计自有它的合理之处。

核裂变发电常用的核燃料是铀 235，你一定还记得，随着反应不断进行，会有越来越多的中子飞出，而这些多出来的中子又

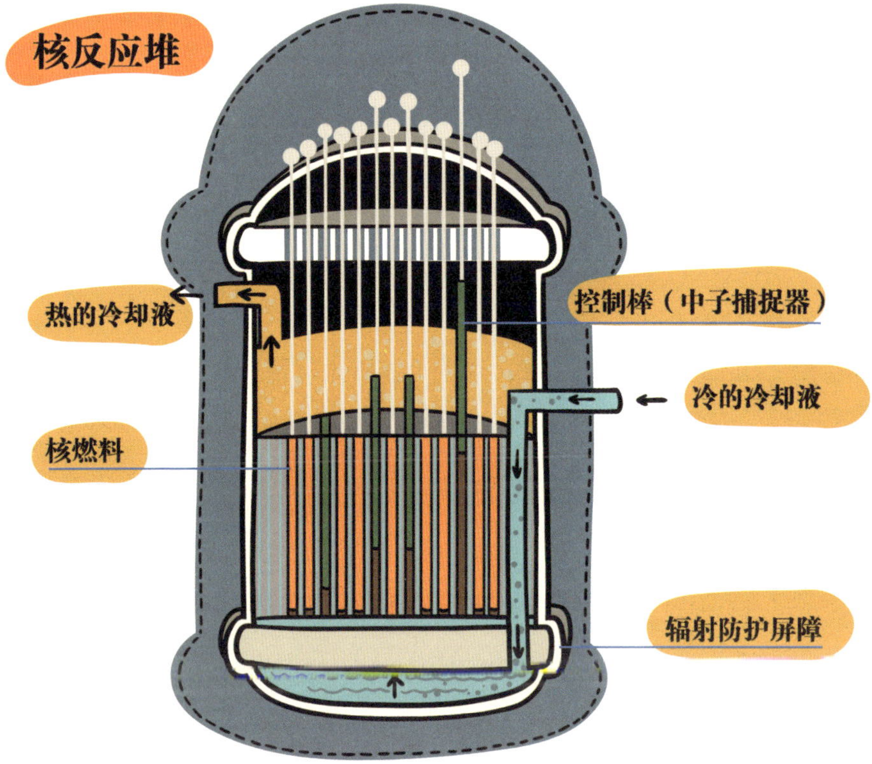

会制造规模更大的反应。如果放任不管，汹涌的能量可能会横冲直撞，大发脾气。

怎么办呢？有一个直截了当的方法，就是调节中子的数量。为了做到这一点，人们生产了控制棒，它们由硼、镉、铪等材料制成，可以吸收中子。让控制棒深入反应堆内部，就会有很多中子下场休息。反过来讲，如果调节过了头，能量之泉变得水流过细，我们还可以把控制棒拔出来一些，减少对中子的限制。“铁壶”上面的杆子不是别的，就是这些控制棒。

如果打开反应堆观察其内部，我们还会看到，核燃料也被做成了棒状，排列得整整齐齐。需要减少中子的时候，控制棒可以插入燃料棒之间。这样操作简捷，抽出控制棒的时候也比较方便。

当然，核燃料首先要“烧起来”，讨论如何调节才有意义。这就不得不提到铀 235 的特点了：铀 235 裂变会产生快中子，但在没裂变的时候，它们更喜欢和慢中子一起玩耍。也就是说，前面的铀 235 裂变之后产生的中子需要先减速，才能顺畅地和后面的铀 235 继续反应。

所以，反应堆里还有一种重要的物质，就是给中子降速的慢化剂。慢化剂的材料多种多样，最常见的依然是普通的水。不过，水本身也会吸收一部分中子，为了防止中子和铀 235 互相碰不了面，核燃料在正式上岗之前还要经历一个步骤，叫作铀浓缩。

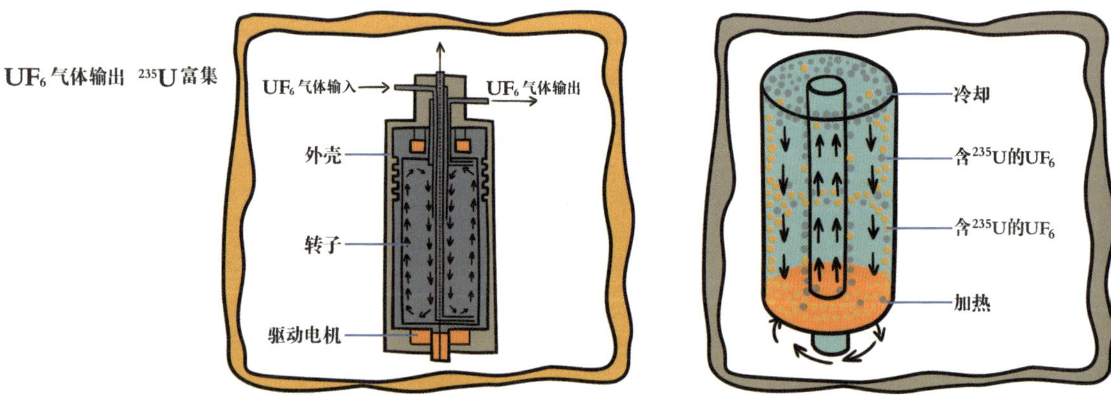

铀浓缩是怎么回事

多数核电站会用铀235做核燃料。你一定还记得，这是铀的一种同位素。

所有的铀原子都拥有92个质子，中子数则各不相同。天然铀之中九成以上的成分是铀238，铀235则分散在这些同伴中。为了保证铀235能够遇到慢化后的中子，人们往往需要进行一个重要的步骤，就是铀浓缩。经过多年的研究和实践，人们已经探索出了铀浓缩的多种方法。中国也拥有了自己的铀浓缩工厂，核材料铀转化实现万吨级生产能力，可以用成熟的技术向核电站提供燃料。

值得一提的是，有的核电站不需要浓缩铀，而是可以直接使用天然铀。比如用重水做慢化剂的重水堆。重水也可以让中子慢下脚步，但同时不会吸收太多中子。剩下的中子可以继续推动反应。

不过，即便是节省了铀浓缩这一步，重水堆的建造和运转依然需要比较高的成本。为了找到更先进也更经济的核发电方案，人们从未停止思考和实践。

新型的裂变反应堆有什么特别之处？

随着核电技术不断发展，裂变核反应堆也推出了新的类型。和以前的轻水堆、重水堆不同，这些新反应堆对燃料和设备进行了创新，所以也获得了新的优势。

高温气冷堆增加了一种“燃料球”设计，给一个有点像漏斗的容器装入许许多多的小球。核燃料外面有耐高温的包裹层，和石墨材料组合工作。在反应进行的时候，石墨会充当慢化剂，把快中子变成慢中子。

这样的设计至少有两个好处。第一是可以连续运转。“漏斗”上面可以添加燃料，下面可以掉出用完的小球。反应堆不需要停下来。第二就是足够安全，因为核燃料被包裹在特制的小球内部，就算出现意外，放射性物质也不容易流到外面。所以高温气冷堆也被称作“不会熔毁的反应堆”。

快中子反应堆的奇特之处则在于没有慢化剂，而且它的主要燃料不是铀 235，而是钚 239。更准确地说，快中子堆把钚 239 放

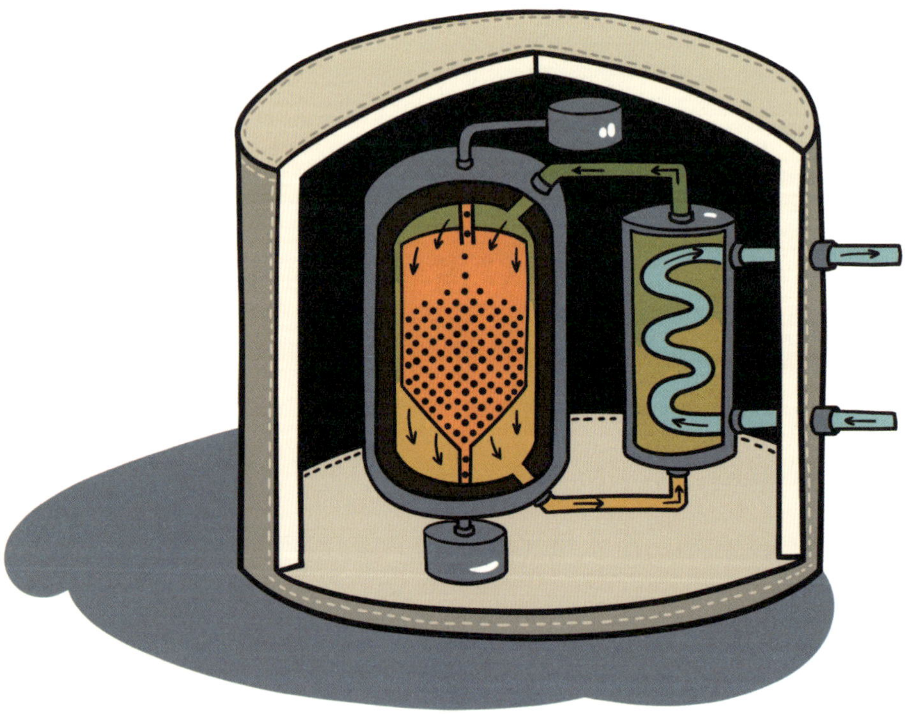

在中间，周围围着一圈铀 238，组成了一个特殊的队形。钚239 裂变会释放中子，铀 238 则会和中子结合，在一系列变化后生成钚 239，钚 239 又能继续裂变。

这就是快中子堆不使用慢化剂的原因，这里同铀238 结合的恰恰是快中子，这样才能产生核燃料一边消耗一边制造，好像越烧越多的效果。

钍基熔盐反应堆，顾名思义，是让熔盐做主角的反应堆，堆芯燃料是溶解在熔融氟盐中的钍铀混合物。这也是一种非常安全的反应堆，熔盐本身的特点可以让它精简组件，做到“小个子大输出”，就算设备破口，熔盐流出来也很容易凝固，不至于酿成大祸。而且，熔盐堆的燃料还能循环利用，最终的核废料相对来说也更好处理。

有那么多以铀 235 为主角的反应堆在前，人们为什么还要尝试新反应堆呢？因为铀 235 在地球上含量并不是很高，如果只用这一种核燃料，核电站在未来可能依然要面对能源短缺的问题。而且，从开采铀矿到核废料处理，如何安排多出来的铀 238 一直是个问题，有了快中子堆，这个问题就有着落了。至于钍基熔盐反应堆，更是利用了比铀资源丰富的钍资源，使用过程还更加环保。

在一众新型核裂变反应堆中，上面这三种可以说被寄予了最多希望，是第四代核电技术中的明星。但在它们之外，还有一种实现难度更高，却也更吸引人的反应堆，那就是核聚变反应堆。

人类现在已经建设出核聚变反应堆了吗？

核聚变燃料充足，产生的能量格外可观，掌握了核聚变，人类就掌握了真正的人造太阳。

不过，受控核聚变的条件非常难实现。核燃料必须要加热到极高的温度，高到什么程度呢？在那种条件下，核燃料会变成温度极高的等离子体，烫到没有任何容器能够安全盛放它们，而不被烧坏。

连盛放的容器都找不到，核聚变发电岂不是根本实现不了？

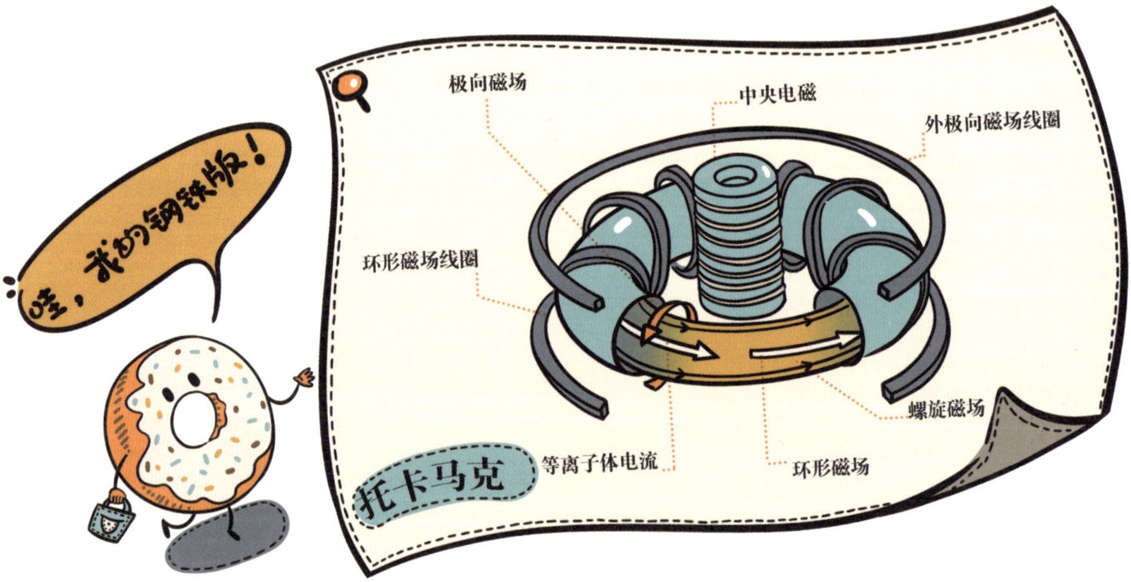

托卡马克装置

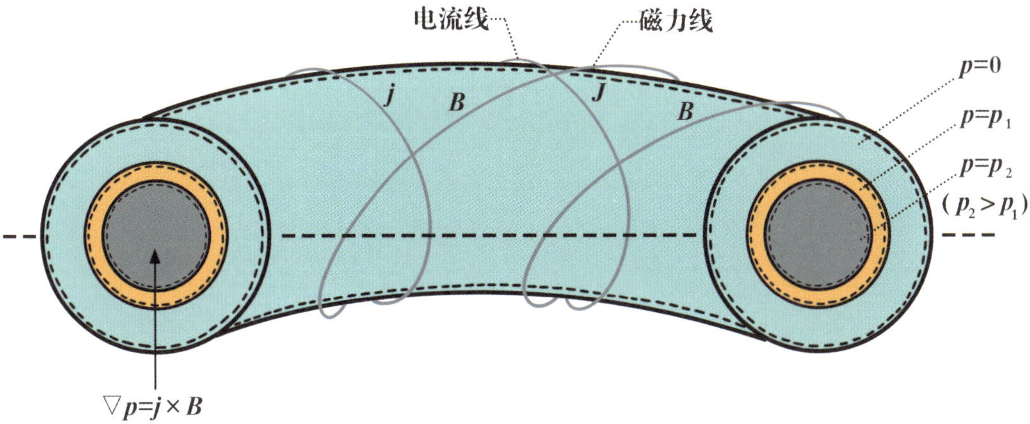

托卡马克原理示意图

但科学家们依然冷静下来，找到了解决方案——让核燃料悬浮起来，不接触容器本身却又受到严格约束，这样不就可以了吗？

如果觉得这听上去不像科学而像魔法，那你可能忘记了现实中一个可以制造悬浮现象的东西——磁场。这就是科学家们想到的方案。托卡马克装置由此诞生，这个看上去很像钢铁甜甜圈的设备产生了环形磁场，把高温等离子体约束起来，让它们老老实实贡献能量。

其实早在20世纪，人们就已经建成了托卡马克装置。几十年来，关于核聚变发电的实践和改进从未停止。中国也在研究自己的核聚变工程。虽然目前核聚变发电还没有成熟到可以直接投入市场的程度，但它一定拥有灿烂的未来！

到了这里，关于核反应本身的知识就介绍完了，但我们的核电之旅并没有结束。事实上，核电站里还有许多值得探究的奇事。比如，你也许注意到了一个细节现象：大部分核电站都建在水边。这是为什么呢？

为什么有那么多
核电站
建在水边？

核电站难道都建在水边吗？如果看过许多核电站的图片，你十有八九会产生这样的疑问。实拍也好，设想图也罢，核电站的背景中似乎总是会出现广阔的水域和美丽的波光。

虽然并不是所有的核电站都依水而居，但的确有相当多的核电站做出了这样的选择。法国的帕鲁埃尔核电站建在英吉利海峡附近，加拿大的布鲁斯核电站建在休伦湖边，日本的福岛核电站外就是太平洋。我们中国的秦山核电站、大亚湾核电站、石岛湾核电站也都在水资源充足的地方安家。

这是为什么呢？当然不是为了风景好看，而是有更加现实的考虑。为了解释清楚这件事，我们需要回到发电厂房里，接着讲能量搬家的故事。

核电站的三回路是做什么用的？

通过前面的章节，我们已经知道了，核电站的能量一般要经过两轮搬运，先通过一回路，从核反应堆搬到蒸汽发生器，再通过二回路，从蒸汽发生器搬到发电机组。很多核电站一回路和二回路都会用水做能量的搬运工，水对核电站有多重要，自然不必多说。

而且，核电站中还存在三回路。水在二回路以蒸汽的形式推

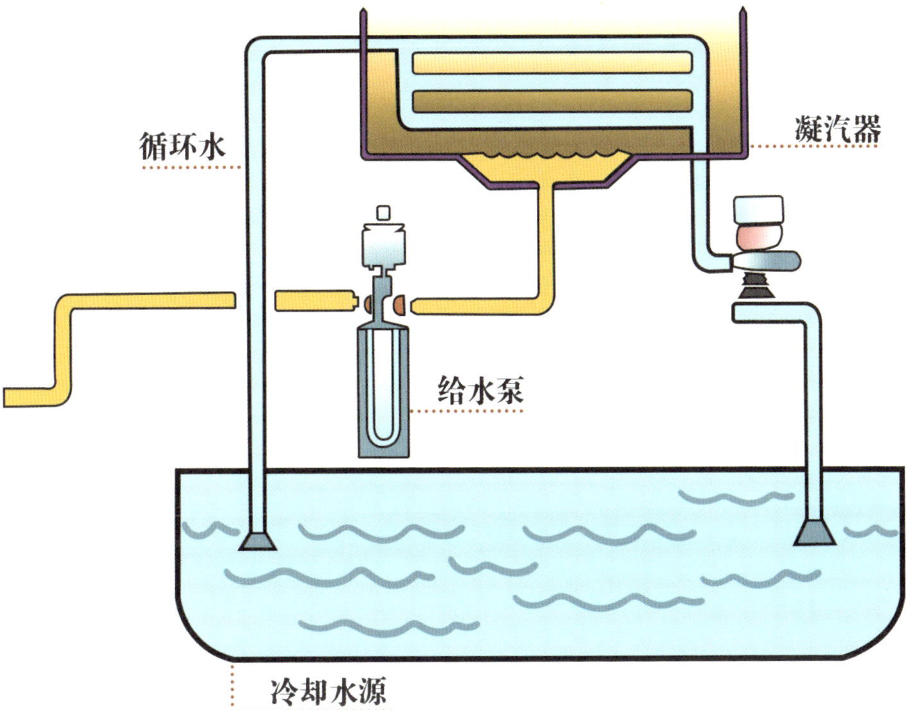

动发电设备，然后再进入凝汽设备，变回液体，返回蒸汽发生器。在冷凝设备中循环的回路，就是三回路。它的任务就是带走多余的能量，给水蒸气降温。

如果说一、二回路中的液体是能量的搬运工，那么三回路中的液体就是能量的疏散工。承担这个职责的物质会是谁呢？没错，依然是水。

之所以有那么多核电站都建在水边，原因就在这里。核反应产生的能量非常多，从能量的搬运到能量的疏散，核电站需要大量的水。如果不建在水边，核电站还要另想办法，比如修建冷却塔；如果建在水边，这样的麻烦就可以省略了。

从这里我们可以看出，水不仅仅是生命之源，它在工业领域也扮演着非常重要的角色。回到核电站，有一组设备我们还没有详细介绍，但在这里，装满能量、化身气体的水就好像被注入了超能力一样，可以推动金属做的“大家伙”。正是因为有它们的合作，核能才最终转化成电能。

这组设备就是汽轮发电机组。

汽轮发电机组是如何发电的?

这一头，蒸汽源源不断地进入机组，另一头，电就出来了。这中间发生了什么呢?

在这里，蒸汽的任务是推动汽轮，而汽轮会带动发电机中的关键部件一起转动，由此产生感应电流——听上去是不是有点云山雾罩的?没关系，等你了解了磁和电之间的神奇联系，发电机的原理就一目了然了。

我们都知道磁体和磁场的存在，也都知道电的特点和用途。但你不一定知道，电和磁之间有着密不可分的关联，掌握一个就可以召唤另一个。

在很久以前，人类并不清楚这种关系，直到 19 世纪，科学家才发现了“电磁感应”。简单来说，如果有一圈导线，它本身并没有连

发电铜盘——最早的发电机

在公元 1831 年，法拉第利用铜盘、磁铁、传动带和转动手柄制作了最原始的直流发电机。中国科技馆“发电铜盘”这件展品还原了法拉第制作的发电机，同时也展示了发电机的原理。

法拉第将一个圆形铜盘放置在一个马蹄形磁铁两极之间，并从铜盘的中心和位于磁铁两极之间的边缘处各引出一根导线，组成一个回路。转动手柄使铜盘快速旋转，通过发电铜盘外接的电流表可以看出，回路中产生了电流。其实，我们可以把这个圆盘想象成无数微小的铜棒并排排成一个圆盘。这样，每一个铜棒切割磁感线时都会产生电势差，我们通过电刷就可以将产生的电势差导到外电路，也就形成了电流。通过这一装置，我们可以持续地将动能转化为电能。

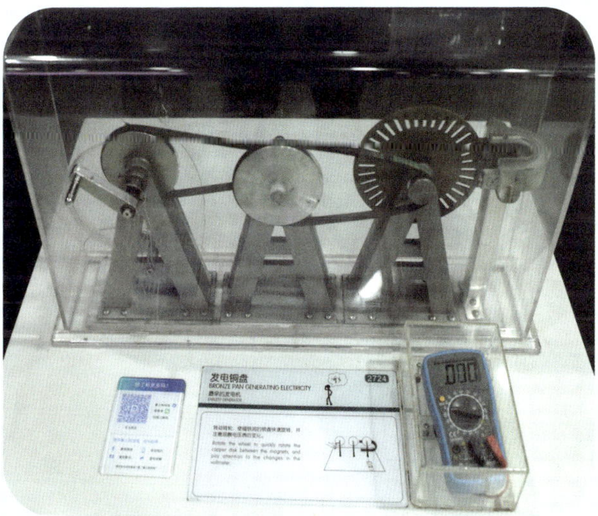

通过这件展品我们也能了解，为什么发电站都要设置汽轮机组，并要借助外力让汽轮机组转动起来，这是因为想要产生电，必须让导体做切割磁感线运动，而汽轮机的转动正是带动了汽轮机内部的导体做切割磁感线运动，这样才会产生电流。

接电源，我们把它放置在磁场中，它的内部是有可能产生电的。

生电的具体方法，就是让导线的一部分像刀片一样，在相对运动中切割磁感线。发电设备利用的正是这一点，它的内部已经安排好了磁体和导线。当汽轮带动设备转起来的时候，导线刚好可以不断切割磁感线。我们所需要的电就这样产生了。

这是一种非常奇妙的现象，甚至会有人觉得导线里的电是凭空产生的。那当然不是事实。如果没有蒸汽推动汽轮，如果发电机里的部件不能跟着转动，发电就无从谈起了。事实上，是热能转化成了机械能，而机械能最终转化成了电能。

磁生电原理

当然，蒸汽的能量并不能全部用来推动汽轮。在现实中，它们会碰到这样的情况：剩下的能量已经无法用在发电上了，但如果还抱着上一轮的能量包袱不放，它们就没法很好地回到液体状态，继续下一轮工作。这就是为什么三回路和冷凝设备如此重要，它能够让二回路的能量搬运工放松下来，尽快调整好状态。

磁感应生电与磁通量

“电磁感应”的完整描述是这样的：穿过闭合回路的磁通量发生变化，该闭合回路会产生感应电流。

在上文，我们之所以把导线说成是“一圈导线”，而不是“一段导线”，就是因为这里的导线需要形成闭合回路，不能大大咧咧地露着口，或者只有直直的一根。

那么磁通量又是怎么回事呢？这个量描述的是一个具体区域内磁场的情况。我们大概可以这样理解：一圈导线放在磁场之中，被它圈住的一小块区域当然也会有磁场，如果这个“内部”磁场发生了变化，导线里就会产生电流了。

有一种简单直观的方法可以让我们“看到”磁通量，就是借助磁感线。这些从N极出发前往S极的线条指示了磁场的方向，我们还可以给它增加一个设定，磁场越强的地方，磁感线越密集。如果导线圈住的磁感线数量有了变化，那么穿过它的磁通量就有了变化。仔细思考一下，我们会发现，在运动中切割磁感线，是一个让导线产生电流的好办法。

通过磁场发电的基本原理就是这样的。无论是定住磁场，让导线运动，还是定住导线，让磁场运动，目的都是改变导线圈住的磁通量。在生产发电机的时候，人们也采用了最适合持续发电的设计，其中可以转动的部件常常会连接汽轮机。

水边的核电站不会发生危险吗？

也许看到这里，你依然有一个疑问——虽然水对发电很重要，但把核电站建在水边，难道不会带来别的问题吗？不说别的，就说最明显的一点，在核电站里工作过的水会不会排放到附近的海河湖泊中？如果里面有有害物质怎么办？

在核电站里工作过的水确实会向外排放，但我们不用太过担心。因为核电站直接排放出来的几乎都是三回路里的冷凝用水，而不是一回路里受到污染的冷却水。三个回路之间是隔开的，不同回路里的物质不可能互相“串门”。一回路里的有害物质不会进入三回路。哪怕是对一二回路不做区分的沸水堆发电厂也不会直

接用冷水“冲泡”从发电机组退下来的水蒸气。

这是正常情况，那要是遇到意外怎么办呢？比如核电站所在的地方发生了地震、洪水或是其他灾害，原本严加看管的一回路用水会不会泄漏呢？

事实上，核电站的建设地点都是经过严格筛选的。我们国家也出台了《核电厂厂址选择安全规定》，从方方面面保证核电站正常运转，保证周围居民和自然环境的安全。我们从一开始就不会把关乎核反应的设施建在容易发生自然灾害的地方。

不仅如此，核电站还有一套稳妥的安全设备和制度，可以防患于未然，也可以处理各种突发情况。比如，你是否知道，核电站圆圆的厂房本身就是安全措施中的一环呢？

核发电的厂房为什么是圆顶的？

除了喜欢建在水边，核电站还有一个明显的特点，就是一座座圆鼓鼓的厂房。从图片上看，这些圆顶建筑就像一枚枚竖直而立的水泥胶囊，既有未来感，又透着一丝可爱。

核电站里的危险物质

核电站里的危险和核燃料有关。铀235本身就有放射性，但人们更加担心的是，在工作的过程中，核燃料会变出许多奇奇怪怪的新物质。

事实上，反应堆里并不会只发生一两种反应。铀235本身就有多种不同的裂变方式。中途出现的新物质又有可能发生新的转变，所以反应堆内的情况往往会变得非常复杂，甚至会出现自然界中没有的奇怪元素。

因此，核电站卸下的“乏燃料”具有很强的放射性，可能引发慢性放射病、急性损伤、多种癌症……一旦泄漏出去，后果不堪设想。

如果只有个别核电站采用了这样的建筑，那也许是一种风格；如果有很多核电站都采用相似的设计，那背后一定有更实际的考虑。这种建筑的任务就是容纳核反应堆，让核燃料不断产生能量，支持发电机组的运转。这里不仅是发电的中心，也是安全保障的关键。毕竟，核电站里最大的危险就来自核反应堆。

那些可爱的圆顶也不是随意安上去的，它们正是安全措施中的一环。在这一章，我们就来了解一下核电站里的圆顶厂房，还有其他保证安全的设备、规则和方法。

你了解安全壳和其他三道安全屏障吗？

其实，这些圆顶厂房有一个响亮的名字：安全壳。

为了保证万无一失，在设计安全壳的时候，人们希望它能在最糟糕的情况下成为可靠的防线。如果反应堆堆芯熔化，安全壳要保证有害物质不会泄漏出去；如果危险来自外界，安全壳还要护住反应堆，不让它被撞翻、打破。

一般来说，安全壳是高大的钢筋混凝土建筑，壁厚接近 1 米，内表面还有 6 毫米左右厚的钢板。有些核电站还有双层安全壳，有的是混凝土层加上一层钢壳，有的是双层混凝土加钢衬里，就是要把“结实”贯彻到底。

而且，圆形也是安全设计中的一部分。球形或球顶建筑本身就是非常坚固的，因为在承受冲击的时候，弯曲的表面可以把力均匀分散开，所以不容易破损。几十年前，核电站还采用过完整的球形厂房，后来经过多方考虑，才改成了现在的样子。

安全壳是核电站的保护者，但核电站也不能只靠安全壳来守护。事实上，以核反应为中心，核电站有四道保护，安全壳是最后一道。

第一道保护是特制的核燃料。没错，特殊的加工过程本身就能让核燃料老老实实，不容易泄漏放射性物质。现代反应堆使用的是耐高温、耐辐射和耐腐蚀的二氧化铀陶瓷核燃料，本身就有一定的安全性。

第二道保护是锆合金包壳管。前面提到的核燃料就在这些管子的包裹下形成燃料棒。不用说，这些包壳管也是专门为核燃料准备的，能够做到绝对密封，就算长期运行也不会让放射性裂变产物跑出去。

第三道保护是压力容器和封闭的一回路。一回路我们已经介绍过了，压力容器指的就是安放反应堆的特制“铁壶”，它本身就是一道可靠的屏障。即使堆芯出现一些小问题，容器也能够顶住，坚持到工作人员来处理。

在四道保护下，泄漏风险被降到最低，但光靠层层包裹来保证安全还不够。我们还要考虑万一，万一核电站出现紧急情况，没办法顺畅地送走核岛的能量，反应堆越来越热，哪怕有十层包裹也未必保险。在这种情况下，最重要的是让核反应马上停止工作。

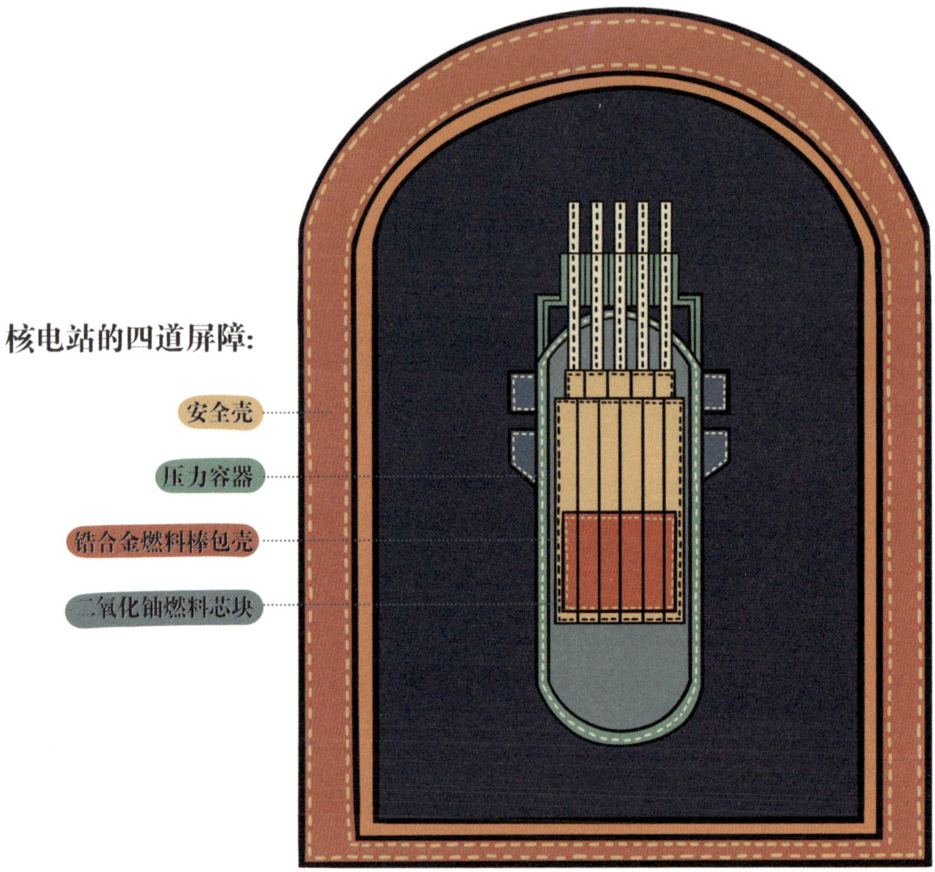

紧急停堆是怎么回事？

核电站当然有常规的操作方法，可以请工作人员出手，让反应堆停工。但如果遇到特殊情况，不能正常停堆，就要启用紧急措施了。

如何让运行中的反应堆停下来？有一个现成的东西可以使用，那就是控制棒。插入反应堆的控制棒多到一定程度，大部分中子就会被强行请下场，核反应自然就停下来了。所以在紧急情况下，常见的停堆方法就是让设备自动落下所有控制棒。

要是这样还不管用，又该怎么办呢？如果控制棒卡住了，没有全部插下去，反应堆是不是就停不了了？不用担心，技术团队还留了后手。人们准备了高浓度的硼酸水，可以通过设备注入反应堆内，它也有阻拦中子的能力，能够为紧急停堆上第二重保险。

这样就可以了吗？真的没有更危险的情况了吗？也许你会想，如果突然断电，什么设备都用不了了，核电站又该怎么办呢？

确实有可能出现这种情况，所以核电站都会准备内部使用的备用发电机。哪怕常用的电源全部罢工，核电站也可以请出“救兵”，至少可以坚持到把该收拾的都收拾好，保证不引发重大事故，不伤害周围居民，不污染附近的环境。

核安全设计师

相比于传统的火力发电，核电站有一个巨大的风险，那就是失控。核燃料的耗尽周期要远长于我们所使用的煤炭燃料。核燃料的主要来源是铀 235，1kg 的铀 235 燃料产出的能量相当于 2700 吨煤，而在一个反应堆中，这样的核燃料有数十吨之多，所以一旦发生事故导致反应失控，就会产生无法控制的高温，最终高温会熔毁核电站，酿成重大事故。日本的福岛核电站事故就是这样发生的。

那么我们中国制造的反应堆又采取了哪些安全措施呢？这件展品告诉我们，我们的核反应堆一共有四道屏障。首先是第一道屏障：燃料芯块。

核反应堆中的燃料块使用的是 3% ~ 5% 低浓缩铀，和核武器中使用的浓缩铀相比，产生的链式反应更加可控。第二道是燃料外壳，通过锆制成的燃料棒外壳能够防止核反应产生的放射性物质泄漏。第三道则是压力边界，反应堆中的所有容器都是耐高压的压力容器，能够防止核反应的物质泄漏到安全壳中。第四道是双层的安全外壳，包括由 5 毫米不锈钢板和 1.3 米厚混凝土组成的内壁，以及 1.5 米厚混凝土的外壁，两层外壳中间还有负压的流体，进一步巩固了反应堆的安全性。这四道防线保证了反应堆能够抵御17级台风，也可抵御相当于引发福岛核事故震级的地震和海啸，或者商用大型飞机的撞击。我们的“华龙一号”反应堆以“177组燃料组件堆芯”、“多重冗余的安全系统”和“能动与非能动相结合的安全措施”为主要技术特征，采用的是世界最高安全要求和最新技术标准，充分利用我国近30年来核电站设计、建设、运营所积累的宝贵经验、技术和人才优势。并且，充分考虑到福岛核事故的前车之鉴，在安全方面做到了极致。

作为普通民众，我们常常会对核能的安全性抱有疑虑，其实，进入现代社会以来，安全事故的威胁一直伴随在科技发展的左右。只有吸取前人经验教训，不断地提高标准，严格执行安全监管，从安全出发进行设计，人类才能安心地享受科技带来的发展成果。

反应堆会像原子弹一样爆炸吗?

虽然这些安全措施听上去很了不起，但如果反应堆像原子弹一样爆炸，什么安全壳保护，什么控制棒停堆，统统都是螳臂当车，一点用都没有——假如听到有人这样说，你是不是也会再次担心起来呢?

事实上，这种想法是缺乏依据的。虽然两者原理相同，但核电站的反应堆和核武器还是有很大区别的。核武器所使用的铀235浓缩度高达90%以上，核发电使用的铀235就算经过浓缩也达不到10%。两者的差异堪比手枪和弹弓，弹弓也可能引发危险，但杀伤力无论如何也比不上手枪。

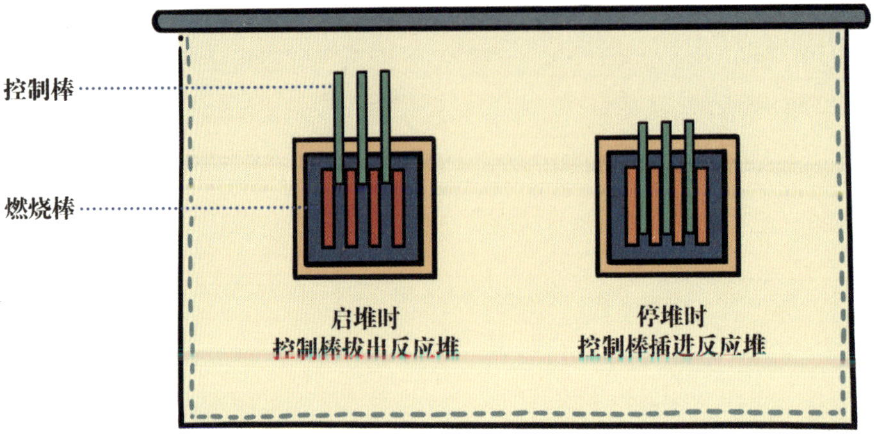

可控的核能发电

随着地球的常规能源不断减少，人们的关注重点从常规化石能源转向了有很大发展前景的新能源，而新能源中核能虽不可再生，但能量密度高、储量丰富，具有很大优越性。

核反应会释放巨大能量，要让它为人类所用，就要想办法让它在可控条件下释放能量。那么，怎样才能控制核能释放呢？1942 年，意大利科学家费米给出了答案，他在美国芝加哥大学建造了世界上第一座核裂变反应堆，使用镉棒吸收中子控制裂变的速度，从而实现能量的持续输出，首次完成了受控“核能释放”，实现人类利用核能的梦想。

“可控的核能发电”这件展品为我们展示了核电厂如何控制核裂变。透明容器中的红色小球代表铀原子核，黑色小球代表中子，“控制棒”是控制链式反应的装置，它可以吸收中子，使反应速率减慢，通常由镉等材料制成。

观众按下按钮启动风机，观察容器中模拟演示中子和铀核剧烈碰撞的情景，并通过推杆操作控制棒上下运动，“改变”中子与铀核的反应速率，从中了解核电厂运用核能裂变的发电原理。

建造一个核反应堆通常需要浓度低一些的铀。铀被制作成燃料芯块，安装到长燃料棒中，燃料棒被进一步组装成燃料组件。燃料组件通常被浸泡在压力容器中。容器中的水起冷却作用。为使反应堆工作，浸泡在水中的燃料组件必须处于稍微超临界的状态。这意味着，如果不加以控制，铀最终将会过热并熔化。为防止这种情况出现，将能吸收中子的材料制成的控制棒通过升降装置插入燃料组件中。操作员通过升降控制棒来控制核反应的速率。当操作员希望铀堆芯产生更多的热量时，可将控制棒从铀燃料组件中升起。要使热量减少，则降低控制棒插入铀燃料组件中。在发生事故或者更换燃料时，控制棒还能被完全插入铀燃料组件中以关闭核反应堆。

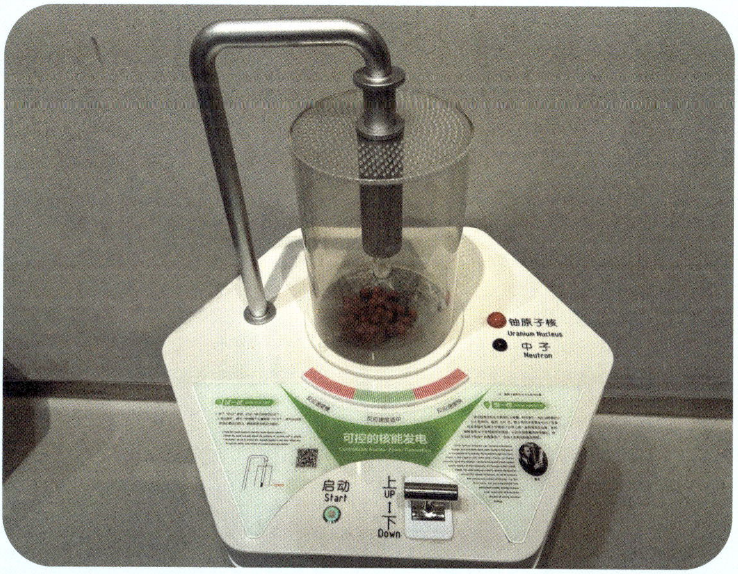

核电站能不能更安全？

随着核电技术的发展，核电站的方方面面都可能迎来升级，那么安全措施是不是也可以更保险、更便捷呢？

当然可以。即便已经催生了我们现在看到的诸多保障，科学家和工程师依然在努力，希望能进一步降低核电站的风险。我们曾经介绍过“不会熔毁的核反应堆”，也就是新型的高温气冷堆。它就是直接从反应堆入手，提高安全性的例子。在这方面，中国

也做出了亮眼的成绩，已经建设了有完全自主知识产权的全球首座球床模块式高温气冷堆。

不过，核电站的风险也不是只集中在核反应堆这里的。就算核反应堆不爆炸，放射性物质不泄漏，核发电也会剩下不少废料。随着时间的推移，它们总要离开厂房，为新的燃料腾出地方。这些物质如果得不到妥善处理，依然会带来许多麻烦。

核发电剩下的放射性废料都去了哪里？这些东西难道不可以回收利用吗？在下一章，我们将探寻这些问题的答案。

核发电剩下的放射性废料该怎么办？

火电站烧剩下的东西是煤渣，核电站烧剩下的东西是放射性废料。直白地讲，它们都可以算作垃圾，但后者处理起来要费事得多，原因就在于“放射性”这三个字。

我们都知道，放射性很强的物质非常危险，会危害人体健康。因此，放射性废料都有严格的管理办法，不能随便丢弃和排放。目前，人们处理这些废料的主要方法是统一封存，放在一个不会被打扰的地方。虽然听起来并不奇特，但这背后同样有科学道理，操作上的讲究自然也少不了。

更重要的是，在妥善处理现有核废料的同时，人们也在寻找“变废为宝”的新办法。

放射性物质都是洪水猛兽吗?

想要处理好核废料，我们就要了解放射性物质的特点，知晓它们可能发生什么样的变化。放射性物质最大的特点当然就是放射性。虽然经常听人提起，但你知道这个词到底是什么意思吗?

如果一种物质的原子核能够自己往外发射射线，我们就说它具有放射性。没人提要求，也没人制造特殊条件，它们偏偏就这

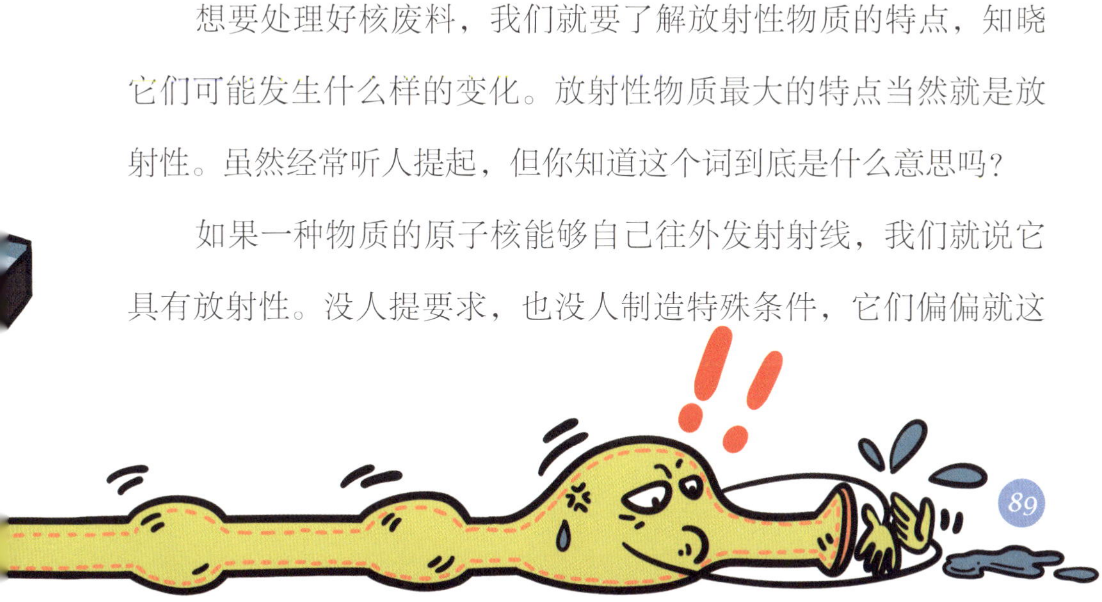

发现放射性

在探索微观世界的道路上，科学家们经过艰辛的、不懈的努力，攻克了一个又一个难关，最终敲开了原子的大门。放射性的发现，可以说是奏响了人们跨入原子时代的前奏曲。放射性是什么？放射性在生活中有哪些应用呢？

这件展品“发现放射性”，为我们介绍了放射性的相关科学知识。你可以将转盘上的不同物品，例如钥匙、铀矿、一般矿石、铅笔等，转入抽屉模型，通过显示器观察模型内部底片是否感光，模拟再现贝克勒尔发现放射性的过程，探寻生活中的常见物质是否具有放射性。

放射性是指元素从不稳定的原子核自发地放出射线（如 α 射线、β 射线、γ 射线等），直到衰变形成稳定的元素而停止放射（衰变产物）。衰变时放出的能量称为衰变能量。原子序数在 83（铋）或以上的元素都具有放射性，某些原子序数小于 83 的元素（如锝）也具有放射性。

1896 年，法国物理学家贝克勒尔在研究铀盐的实验中，首先发现了铀原子核的天然放射性。在进一步研究中，他发现铀盐所放出的这种射线能使空气电离，也可以穿透黑纸使照相底片感光。他还发现，外界压强和温度等因素的变化不会对实验产生任何影响。贝克勒尔的这一发现意义深远，它使人们对物质的微观结构有了更新的认识，并由此打开了原子核物理学的大门。

如今，放射性已经在工业、农业、医疗卫生和科学研究的许多方面得到了广泛应用。在医学上，利用物质的放射性，治疗肿瘤、做 CT 诊断等；在农业上，利用射线对微生物的辐射损伤效应来达到杀菌消毒的目的。此外，还可以利用放射源进行金属探伤等。

我们今天通过展品重现了放射性发现的场景，了解了放射性发现的故事和放射性在多个不同领域的应用。生活中我们接触到放射源尤其是大剂量放射源的概率是微乎其微的，只需要科学防范即可。希望我们可以通过科技的进步，更好地利用放射性，造福人类社会。

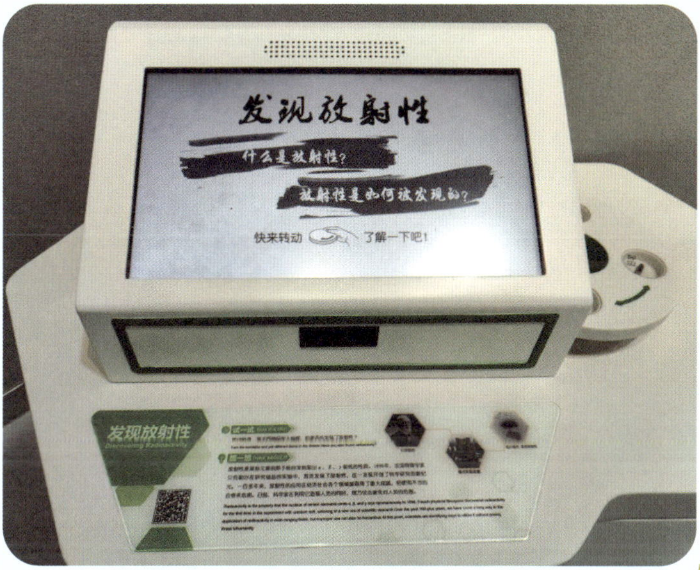

样做了。这说明了一个问题，这些原子核向外发射的往往是它们自己本来就有的东西，比如原子核内部的粒子。

核发电产生的废料中就有很多放射性很强的物质。哪怕没有任何外界刺激，它们也要没完没了发射“子弹”。密集地遭受这种攻击，人体就会产生不良反应，得一些奇怪又可怕的疾病，甚至失去生命。

认真的你一定发现了细节——“密集地遭受这种攻击”——如果我们接触过放射性物质，但只是偶尔受到一点攻击，是不是就不用太担心了呢?

是的。放射性的危害不是绝对的。你可以这样理解：如果说放射性强的物质就像打开了机枪，那么放射性弱的物质就像在三天打鱼两天晒网地投掷小球。前者会让我们大受摧残，而后者的影响则可以忽略不计。

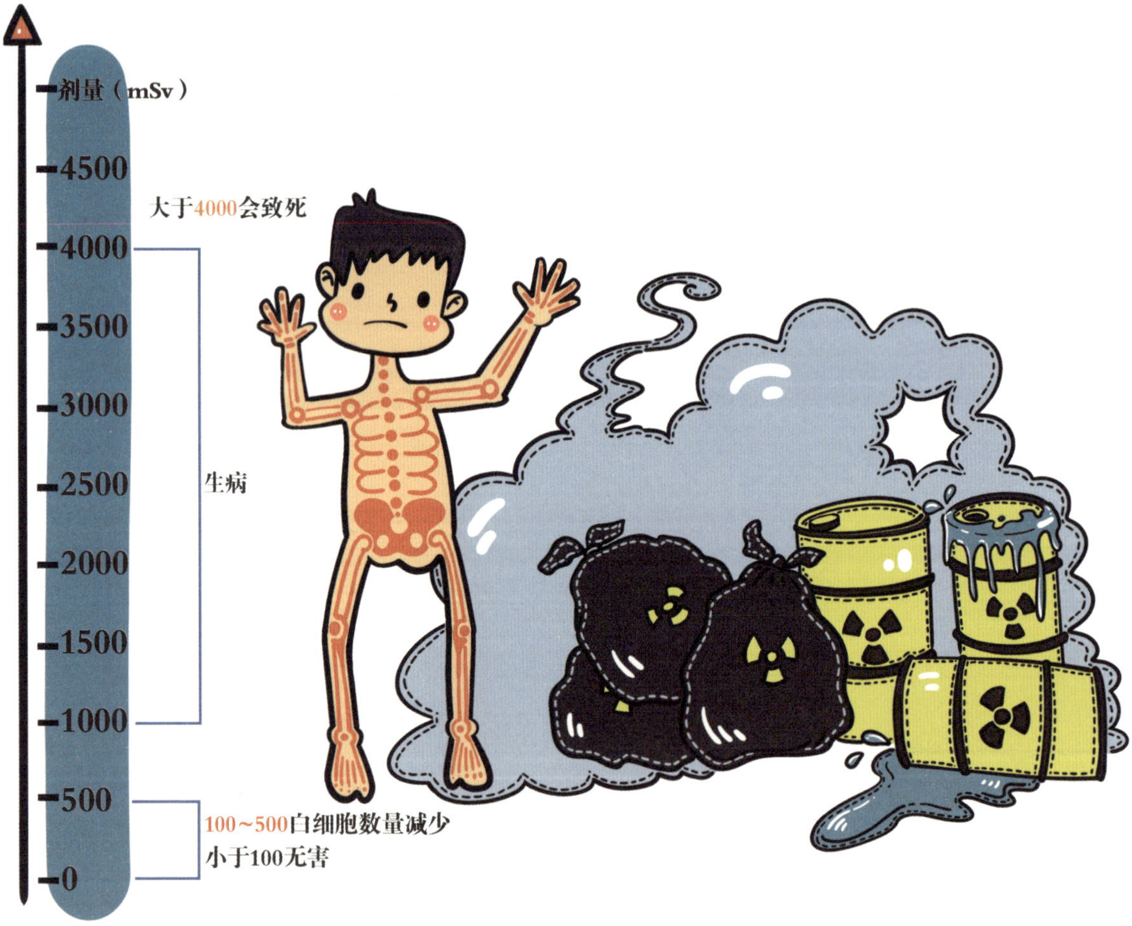

测测放射性

说起放射性大家都觉得非常可怕，它能损害我们的身体，但实际上我们身边的物质都有一定的放射性。通过这件展品，我们就可以来测一测身边物品有多大的放射性。

展台上放着一些石头、一根铅笔，分别把石头和铅笔放进去，可以看到它们的放射性差不多，屏幕上都显示了 0.1 μSv/h（读作：微希沃特每小时）左右的数值。这个希沃特（Sv）就是衡量放射性剂量的单位，这个单位的含义是每千克人体组织吸收 1 焦耳能量时的辐射量为 1 希沃特。

为什么这些生活中的物品也能够测量到辐射呢？实际上如果你把手放进去，仍然能够测量到一定的辐射量。这些辐射主要来自构成我们四周环境和自身的物质中的放射性的同位素，比如用来测量文物年代的碳 14，就是碳的同位素。除此之外，我们时时刻刻承受着来自宇宙射线的辐射，这些生活环境本来就存在的辐射，我们叫它本底辐射。我国本底辐射的人均剂量大概在 2.3mSv/a（毫希沃特每年）。

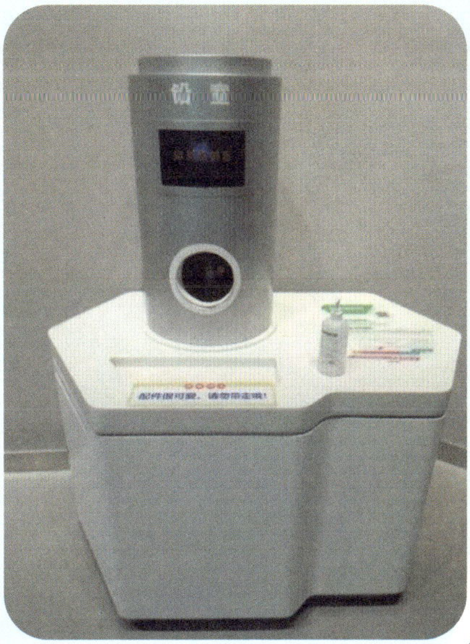

在我们正常的生活中，每年所受的辐射的上限，是在本底辐射之上不超过 1 毫希沃特。虽然实际上生活中很多行为可能会短时间内超过这个限制，但是只要辐射的剂量不超过 100 毫希沃特，就不会直接损害我们的身体。

为什么要讲这件事呢？一方面是为了告诉大家，不必一听说放射性就惊慌失措，另一方面则是因为，这直接关系到放射性核废料的处理。

我们已经知道，放射性物质会向外发射射线。我们还知道，能量和物质都不能凭空产生，尤其一种元素内部的各种粒子都是有定数的。既然如此，到了一定的时间，放射性很强的物质一定

会发现“子弹”不再充裕，胡作非为的游戏也就玩不下去了。所以，它们最终会变成危害很小甚至没有危害的物质。

总体来说，放射性核废料的处理离不开这个思路，我们要把具有放射性的物质控制起来，等它们“改头换面”了再做下一步打算。

衰变和半衰期

在不断发射“子弹”的过程中，放射性元素转变成了另一种新元素，这个过程叫作衰变。对于一定量的放射性元素，其中一半原子核发生衰变所需要的时间，叫作半衰期。

核电站都有哪些放射性废料？

核发电产生的废料成分是非常复杂的，其中既有危险极大的放射性“怪兽”，也有相对普通、危害不算太大的“小角色”。

另外，除了用剩下的核燃料，核电站还有其他被污染、带有放射性的垃圾，比如用过的反应堆零件，换下来的工作服、手套，等等。所有这些东西都不能随便乱扔，而是要按照危险程度统一分类，再分别处理。

放射性比较弱的废料相对好处理，可以暂时贮存起来，等它们自己衰变成危害不大的物质，再排放出去。放射性比较强的废料则要严格封存，送到特定地点去。

原子核的衰变

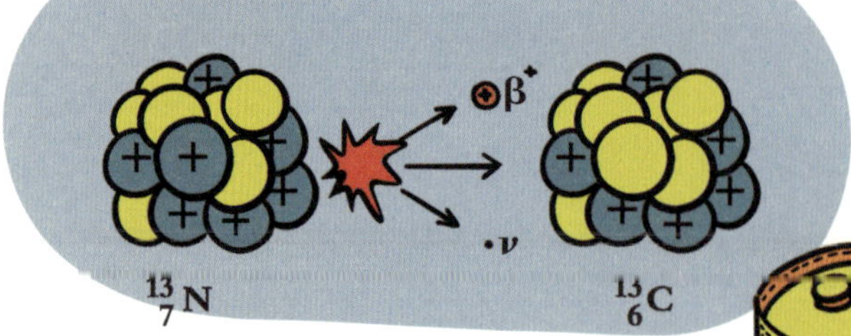

氡的衰变

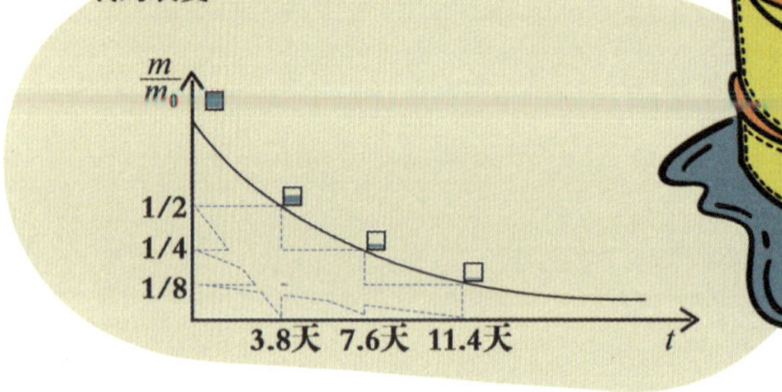

离开核电站以后，放射性核废料去了什么地方？

处理放射性强的核废料是核电行业的一件大事。说起来不过是“打包封存”，但在实际操作中，人们还要面对许多具体的问题，不能有半点马虎。

先来说说“打包”。如果不能让它们老实待着，放射性极强的废料就会跑出来造成可怕的污染。所以，人们是不会把核废料趁热送走的，它们需要先经过处理，变成足够稳定、能坐得住的样子。其中高放射性废物常常要经过严格的玻璃固化和陶瓷固化。

等到处理完毕，再用特制的容器打好包，该把它们送到什么地方也是一个问题。虽然走到这一步，危险物质已经受到了多重束缚，但如果随便找个地方安置，万一以后遇到地震，导致容器破裂，或者被好奇又糊涂的路人当宝藏给挖出来，那可就麻烦了。

因此，核废料的存放地点也要经过严格选择，不能放在容易发生自然灾害的地方，也不能放在人口密集的地方。找到合适的地点，还要挖出深深的洞，把核废料送到地下保存。

等到万事办妥，这些核废料需要多久才能变弱呢？几年？几十年？答案可能远超你的想象。有不少核废料需要在深深的地下存储几十万年甚至更久。

这也太久了吧！四大文明古国的灿烂历史也不过几千年。如果核废料只能这样处理，我们该如何放心地使用核能发电呢？毕竟，随着核电站不断运转，核废料每年都会增加。

的确，这种处理方法虽然有依据，但并不能令人满意，科学家们也在思考新的对策。

核废料可以回收使用吗？

既然核废料成分复杂，有没有可能从中提取有用的部分，循环利用呢？就算很难把所有的放射性物质都变废为宝，能够减少需要封存的危险垃圾也是好事一桩吧？

这是一个非常值得研究的思路。世界上有一些国家，包括我们中国，已经展开了实践。有些人甚至指出，核反应烧剩下的“乏燃料”不应该直接等同于核废料，其中的铀和钚作为支持核工业的重要资源，都非常值得再回收利用。

当然，要把值得回收的物质从混杂的废料里找出来，重新汇集成资源，是非常考验技术的。科学家们在20世纪提出了流程思路，一代又一代技术团

队不断改进方案，现在还不能说我国已经完全攻克了核废料的回收难题，但这方面的进步是巨大的。

就拿我们中国来说，已经探明的铀资源原本只能使用大约 50 到 70 年。随着回收技术的发展，我国的铀利用率有望提升 60 倍，同样的资源也许足够用上 3000 年。不仅如此，我国还是少数可以形成核燃料循环的国家之一，这在国际上也是很了不起的成就。

另外，除了针对成熟的核裂变发电站发展回收处理技术，我国还在开发废料更少、资源利用率更高的新反应堆。快中子反应堆和熔盐反应堆都是其中的佼佼者。相信在多方面的努力下，核发电一定会越来越符合人们对最佳能源的期待。特别值得一提的是，在核发电的新赛道，中国技术正在展现非凡的实力。

那么，你知道中国正在研发哪些世界领先的项目吗？我国的第一座和最新一座核电站分别建在哪里？在下一章，我们就来看一看核电技术在中国的发展历程。

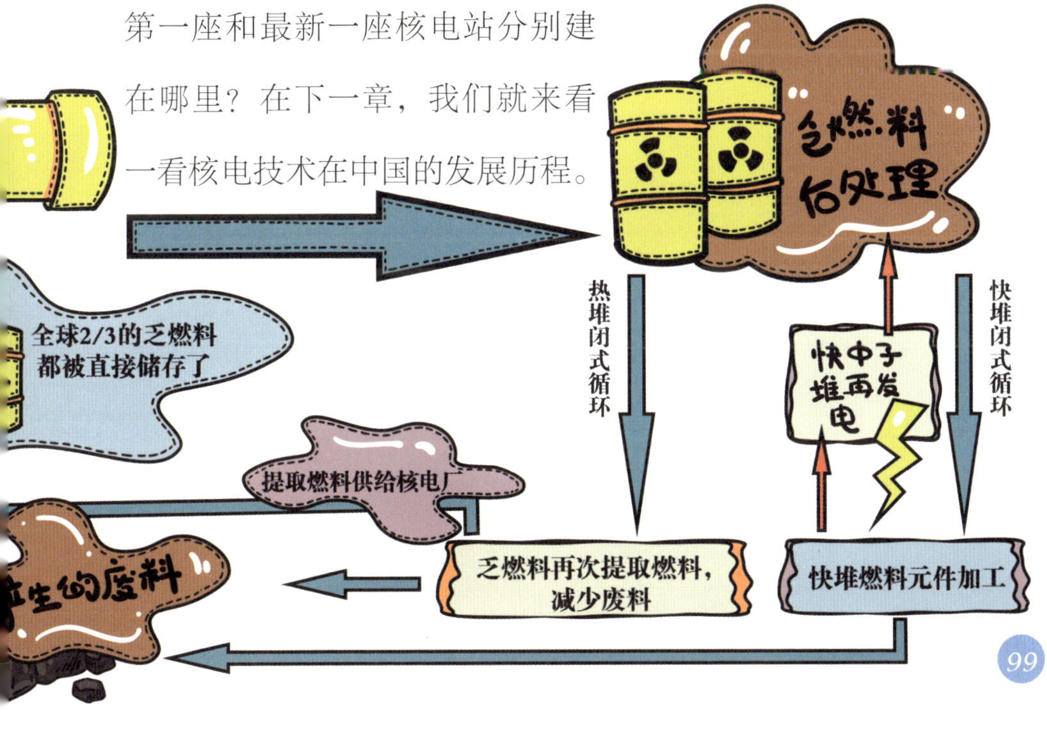

中国的核电技术进步有多快？

1991 年，中国大陆拥有了自己的第一座核电站，这时距离全世界第一座核电站建成已经过去了几十年。谈到核电技术，中国并不是起步最早、走得最顺利的国家。

不过，到了 2023 年，中国已经拥有将近 20 座核电站，其中不仅有成熟的轻水堆核电站，还有使用第四代技术的高温气冷堆核电站。与此同时，中国的科研团队还在研究更加先进的核聚变反应堆。可以说，在短短的二三十年间，中国在核电技术上有了惊人的发展，也为世界带去许多惊喜。

这样的成就当然不是随随便便得来的，一切要从美丽的杭州湾说起。

秦山核电站有哪些了不起的成绩？

在杭州湾北岸的浙江省海盐县，矗立着中国大陆的第一座核电站，它就是被称为“国之光荣”的秦山核电站。

在诞生之初，秦山核电站就肩负着使命。20 世纪 70 年代，能源短缺已经明显影响到了我们国家不少工厂的运转，大家把摆脱窘境的希望寄托在了核电技术上。在经验和条件都十分有限的年代，中国团队突破重重阻碍，终于在 1991 年让秦山核电站并网

秦山核电站　美丽的秦山核电站，我们的“国之荣光”

发电，中国的核电事业踩下了第一个坚实的脚印。

“零的突破”本身就是巨大的成就，但秦山核电站并没有停下脚步。二期、三期和方家山核电工程相继展开。深知早期技术的不足，专业团队每年都会花费大量的精力改进项目，应用过成熟的压水堆之后，又在国际合作的背景下开始运行重水堆……在不断进步中，秦山核电站的发电量也节节攀升。

如今，走过了三十多个春秋的秦山核电站依然在运转。拿下首个第一之后，它又成了我国运行时间最久、机组数量最多、堆型最丰富的核电基地，累计发电超过 8000 亿千瓦时，安全运行 11680 天，近三年共 22 台次机组 WANO（世界核电运营者协会）运行综合指数达到满分。

可以说，秦山核电站为中国的核电应用打下了最好的基础，凭借在这里积累的宝贵经验，中国的核电事业开始奋起直追。

“华龙一号”是怎样诞生的？

随着秦山核电站的成功运行，中国逐渐加快了建设核电事业的脚步，从大亚湾核电站到田湾核电站，从红沿河核电站到防城港核电站，中国地图上亮起了一盏又一盏核能的暖灯。

但核电技术发达不发达，也不能只看有多少核电站，更重要的是我们能不能独立自主地开发新技术和新产品。在不短的一段时间里，中国在堆芯设计等方面并不拥有百分之百的自主知识产权，核电项目依然是受制于人的。

为了不让中国的核电技术打折扣，中国科学家早就定下了目标，要制造出拥有国产堆芯，完全属于我们自己的核发电设备。带着这样的决心，经过三十多年的努力，中国的核电人打造出了“华龙一号”。这意味着中国的第三代核电技术已经走在了世界前列。

那么“华龙一号”有哪些优势呢？

第三代核电技术将安全性当作不可忽视的重点，“华龙一号”也为核电站上了双保险。我们的科研人员追求的是世界上最先进的技术和最严格的标准，不仅要保证常规运转，还要考虑意外情况。大家吸取了其他国家核事故的教训，为“华龙一号”定下了“非能动”

“华龙一号”

“华龙一号”是由中国两大核电企业中国核工业集团有限公司和中国广核集团有限公司在 30 余年核电科研、设计、制造、建设和运行经验的基础上，根据福岛核事故经验反馈以及中国和全球最新安全要求，研发的先进百万千瓦级压水堆核电技术，具有完全自主知识产权的三代压水堆核电创新成果，是中国核电走向世界的“国家名片”，是中国核电创新发展的重大标志性成果。

“华龙一号”以“177 组燃料组件堆芯”、“多重冗余的安全系统”和“能动与非能动相结合的安全措施”为主要技术特征，采用世界最高安全要求和最新技术标准，满足国际原子能机构的安全要求，满足美国、欧洲三代技术标准，充分利用我国近 30 年来核电站设计、建设、运营所积累的宝贵经验、技术和人才优势；充分借鉴了包括 AP1000、EPR 在内的先进核电技术；充分考虑了福岛核事故后国内外的经验反馈，全面落实了核安全监管要求；充分依托业已成熟的我国核电装备制造业体系和能力，采用经验证的成熟技术，实现了集成创新。

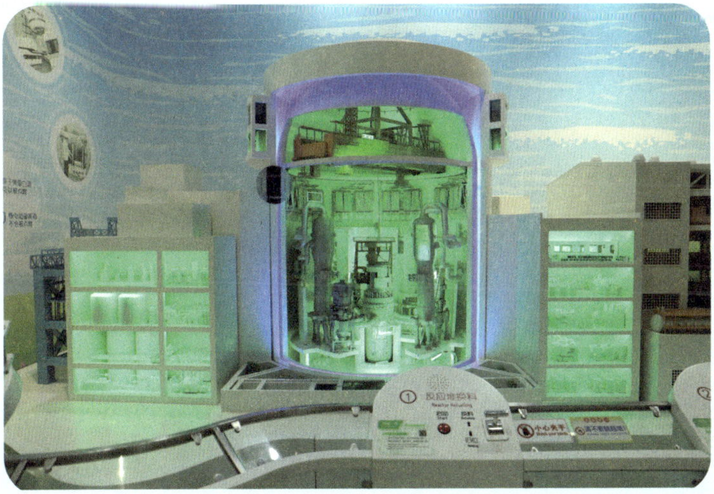

的安全设计，就算没有电，就算连备用发电机也用不了，也可以通过重力把堆芯的热量传给事故冷却水箱，降低温度，避免事故发生。

安全有保障了，发电功率也不能落下。在这方面，“华龙一号”同样出色，一个机组就能满足一个中型城市的用电需求，每年可以减少耗煤530万吨，减少二氧化碳排放1300万吨。在国内，福清核电站和昌江核电站都已经安排上了新机组。在国外，“华龙一号”同样得到了认可，已经出口至巴基斯坦的恰希玛核电站。

中国科学家还研究了哪些核电领域的“神器”？

现在，中国在核电领域已经建立起了比较完整的体系，我们有靠谱的安全规范，能自己浓缩铀，拥有许多运转良好的核电站，还搞定了乏燃料的处理工作。但更精彩的还在后面，因为中国的科学家还在追求更加先进的技术。

关于未来的成果中，离我们最近的就是高温气冷堆。采用这种堆型的石岛湾核电站刚刚做好准备，投入商用。这是全球第一座第四代核电站，“不会熔毁的反应堆”在中国最先得到应用，石岛湾核电站的运转情况会为全世界的核电发展积累最早的一批实践经验。

其他类型的第四代核电技术我们也没有落下。在中国原子能科学研究院，实验快堆已经实现了满功率稳定运行72小时。钍基熔盐堆的发展也在稳步推进，就在2023年，设立在甘肃的液态燃料钍基熔盐实验堆已经获得了运行许可。

在核电技术领域，最难实现却也最受期待的可控核聚变也是中国科研团队心心念念的“桂冠”。2006年，“东方超环”正式建成，我们拥有了自己的全超导托卡马克装置。之后就是漫长的实验，每一点突破都让我们离人造太阳近一点，再近一点。经过12万余次尝试，“东方超环”在2023年打破了托卡马克装置高约束模式运行的纪录，获得了国际认可。

在不久的将来，中国可能会连续创造全球核电领域的第一，让我们拭目以待吧！

永续动力——核聚变

能源是人类社会发展的动力源泉。我们赖以生存的地球，乃至整个太阳系的能量来源是什么呢？没错，就是我们的恒星——太阳。太阳每秒钟散发的热量相当于1亿亿吨煤完全燃烧产生的能量，而这些能量主要就来自核聚变反应。由于核聚变反应原料丰富、效率高且零污染，世界各国的科学家都将目光瞄准核聚变反应堆，研究如何利用核聚变反应源源不断地为人类提供清洁能源。因此，可控核聚变反应堆被誉为“人造太阳”。

大家看到的这件展品“永续动力——核聚变”就是一个核聚变反应堆模型——ITER装置，ITER是国际热核聚变实验堆计划，是目前全球规模最大、影响最深远的国际科研合作项目之一。我们可以通过展品上的动画和多媒体清楚地了解它的结构和工作原理。

核聚变是指质量较小的原子在超高温和超高压的条件下，形成新的质量更重的原子核，比如太阳一直在进行的就是氢变成氦的核聚变。两个氢原子核发生聚变反应生成了氦原子核和一个中子，而氦原子核和中子比两个氢原子核加起来要轻，这就是说氢原子核在反应中丢了一点质量，这丢失的质量就转化成能量释放了出来。不要小看这个转化，质量和能量的转化系数是光速的平方。

一般核聚变只能发生在轻元素上，而核裂变只能发生在重元素上，目前人类已经掌握了可以控制的核裂变技术，核电厂就是其中重要的应用之一。

那大家一定会问核聚变反应在地球上能实现吗？事实上人们已经做到了，只不过目前还没有好的方法能像太阳一样很平稳地把能量释放出去，而只能在一瞬间释放，比如氢弹的原理就是核聚变。

太阳之所以能够平稳释放能量，是因为太阳对核反应的控制，我们称之为“引力控制”。太阳的核心温度为1500万摄氏度，同时具有非常高的密度，所以核聚变可以自然发生。地球上不可能具备这样的条件，但科学家想在地球上造出一个平缓的核聚变来供我们使用，就需要人工创造一个类似于太阳的环境。因此，科学家还在致力于可控核聚变技术的研发，主要包括两个方向：一种是磁约束核聚变，例如托卡马克利用超导材料制作线圈，获得更加稳定的约束磁场，也叫超导托卡马克。另一种是激光约束核聚变，利用高功率激光照射在聚变燃料上实现控制。相信随着研究深入和技术发展，可控核聚变将很快实现，并且助力人类探索更多的奥秘。

核电技术的无限可能

将时间倒回几千年前，我们的祖先讲述着夸父逐日的故事，一边赞叹他的锲而不舍，一边感叹太阳是人所不能掌控的奇迹。然而现在，核电技术已经处在蓬勃发展之中，人造太阳也早已不是痴人说梦。

在几十年的历程中，核能发电已经给我们带来了许多惊喜。虽然这项技术还存在问题，但看一看前辈已经走过的路、已经克服过的困难，我们相信，只要掌握方法、付出努力，眼下的技术难题也会有化解的一天。到那时，核能蕴藏的巨大价值会让我们的生活更加便捷、环保、幸福。

我们相信核电技术，更重要的是，我们相信科学，相信科学家们既有夸父的坚韧也有智者的智慧！